全球水电行业年度发展报告

2021

国家水电可持续发展研究中心　编著

中国水利水电出版社
www.waterpub.com.cn

·北京·

内 容 提 要

　　本书系统分析了 2020 年全球水电行业发展现状，聚焦全球新能源快速发展与电网面临的挑战，梳理新型电力系统中水电灵活性改造和挖掘新能源消纳增量的潜力，以及水电提供电网辅助服务的价值评估做法及建议。

　　本书可供从事可再生能源及水利水电工程领域的技术和管理人员，以及大中专院校能源工程、能源管理、水利水电工程及公共政策分析等专业的教师和研究生参考。

图书在版编目（ＣＩＰ）数据

全球水电行业年度发展报告. 2021 / 国家水电可持续发展研究中心编著. -- 北京 ： 中国水利水电出版社，
2021.12
　ISBN 978-7-5226-0326-1

Ⅰ. ①全… Ⅱ. ①国… Ⅲ. ①水利电力工业－研究报告－世界－2021 Ⅳ. ①TV7

中国版本图书馆CIP数据核字(2021)第260056号

审图号：GS（2021）5814 号

书　　名	全球水电行业年度发展报告 2021 QUANQIU SHUIDIAN HANGYE NIANDU FAZHAN BAOGAO 2021
作　　者	国家水电可持续发展研究中心　编著
出版发行	中国水利水电出版社 （北京市海淀区玉渊潭南路 1 号 D 座　　100038） 网址：www.waterpub.com.cn E - mail：sales@waterpub.com.cn 电话：（010）68367658（营销中心）
经　　售	北京科水图书销售中心（零售） 电话：（010）88383994、63202643、68545874 全国各地新华书店和相关出版物销售网点
排　　版	中国水利水电出版社微机排版中心
印　　刷	天津嘉恒印务有限公司
规　　格	210mm×285mm　16 开本　8 印张　131 千字
版　　次	2021 年 12 月第 1 版　2021 年 12 月第 1 次印刷
印　　数	001—800 册
定　　价	**90.00** 元

编　委　会

致辞

SPEECH

　　党的十九大指出构建清洁低碳、安全高效的能源体系，突出能源在生态文明建设中的重要地位。2021年3月15日，习近平总书记在中央财经委员会第九次会议上强调，要把碳达峰、碳中和纳入生态文明建设整体布局，拿出抓铁有痕的劲头，如期实现2030年前碳达峰、2060年前碳中和的目标。"3060"双碳目标既是我国积极应对气候变化、推动构建人类命运共同体的责任担当，也是贯彻能源安全新战略，坚持新发展理念，构建清洁低碳安全高效能源体系，推动高质量发展的必然选择。

　　《全球水电行业年度发展报告2021》是国家水电可持续发展研究中心在国家能源局指导下编写的全球水电行业年度发展报告之一，已连续出版四年。《全球水电行业年度发展报告2021》梳理分析了2020年全球水电行业发展状况、态势和行业关注的重点，力求系统全面，重点突出，为我国的双碳目标所需的战略与政策、技术与方法、深化合作等方面贡献力量。

　　希望国家水电可持续发展研究中心准确把握能源转型关键窗口期，从"3060"双碳目标大背景下水电的发展战略定位出发，充分发挥水电自身优势，推出更多更好的研究咨询新成果，以期打造精品，形成系列，客观真实地记录全球水电行业发展历程，科学严谨地动态研判行业发展趋势，服务于政府与企业，共赢发展！

汪小刚

2021 年 7 月

前言
FOREWORD

大力发展清洁可再生能源，推动能源结构转型，已成为国际社会的广泛共识和共同行动。水电作为目前技术最成熟、最具开发性和资源量丰富的可再生能源，具有可靠、清洁、经济的优势；水电亦是当前唯一的可以对风电和光伏发电安全、持续纳入电网起战略性支撑作用的能源，随着可再生能源快速增长，水电在能源转型中的基石作用更加明显。

近年来，全球能源转型为水电发展拉开新篇章，伴随着新能源的大规模开发，水电与新能源协同发展将成为推动能源转型发展的重要路径，抽水蓄能发展需求持续增加，优先和充分发展水电是清洁能源转型的重要基础。因此，做好全球水电行业发展的年度分析研究，及时总结全球水电行业发展的成功经验，认识和把握能源转型背景下水电行业发展的新形势、新特征、新要求，对推动全球水电可持续发展和制定及时、准确、客观的水电行业发展政策具有重要的指导意义。

《全球水电行业年度发展报告 2021》是国家水电可持续发展研究中心编写的系列全球水电行业年度发展报告之一，报告分 4 个部分，从全球及各区域水电行业发展、新型电力系统水电挖潜促新能源消纳增量、水电提供电网辅助服务的价值评估及建议等方面，对 2020 年度全球水电行业发展状况进行全面梳理、归纳和研究分析，在此基础上，深入剖析了水电行业的热点和前沿问题。在编写方式上，报告力求以客观准确的统计数据为支撑，基于国际可再生能源署（IRENA）、国际水电协会（IHA）、国际能源署（IEA）、世界银行（WB）、欧盟（EU），以及各国能源官方管理机构和能源领域国家实验室官方网站发布的全球水电行业相关报告、数据和学术界前沿研究成果，以简练的文字分析，并辅以图表，将报告展现给读者。报告图文并茂、直观形象、凝聚焦点、突出重点，旨在方便阅读、利于查询和检索。

根据《国家及下属地区名称代码　第一部分：国家代码》（ISO 3166－1）、《国家及下属地区名称代码　第二部分：下属地区代码》（ISO 3166－2）、《国家及下属地区名称代码　第三部分：国家曾用名代码》（ISO 3166－3）和《世界各国和地区名称代码》（GB/T 2659－2000），本书划分了亚洲（东亚、东南亚、南亚、中亚、西亚）、美洲（北美、拉丁美洲和加勒比）、欧洲、非洲和大洋洲等 10 个大洲和地区。

本书所使用的计量单位，主要采用国际单位制单位和我国法定计量单位，部分数据合计数或相对数由于单位取舍不同而产生的计算误差，均未进行机械调整。

如无特别说明，本书各项中国统计数据不包含香港特别行政区、澳门特别行政区和台湾省的数据，水电装机容量和发电量数据均包含抽水蓄能数据。

报告在编写过程中，得到了能源行业行政主管部门、研究机构、企业和行业知名专家的大力支持与悉心指导，在此谨致衷心的谢意！我们真诚地希望，《全球水电行业年度发展报告 2021》能够为社会各界了解全球水电行业发展状况提供参考。

因经验和时间有限，书中难免存在疏漏，恳请广大读者批评指正。

编者

2021 年 7 月

缩　略　词

缩略词	英文全称	中文全称
ACE	Automatic Generation Control	频率控制区域的控制误差
AEMO	Australian Energy Market Operator	澳大利亚能源市场运营商
aFRR	automatic Frequency Restoration Reserve	自动频率恢复储备
ANL	Argonne National Laboratory	阿贡国家实验室
ASM	Accessibility Similarity Matrix	辅助服务矩阵
BESS	Battery Energy Storage System	混合电池储能系统
BPA	Bonneville Power Administration	邦纳维尔电力局
CAISO	California Independent System Operator	加州独立系统运营商
ConEd	Con Edison	联合爱迪生
DFIM	Doubly Fed Induction Machine	双馈感应电机变速技术
DOE	United States Department of Energy	美国能源部
EBGL	Electricity Balancing Guideline	电力平衡指南
EIA	Energy Information Administration	美国能源信息署
ENTSO－E	Electricity Transmission System Operators in Europe	欧洲互联电网
EPRI	Electric Power Research Institure	美国电力研究院
EPS	Electric Power Systems	电力系统
ERCOT	Electric Reliability Council of Texas	得州电力可靠性委员会
EV	Electric Vehicle	电动汽车
FACTS	Flexible AC Transmission Systems	柔性交流输电系统
FCR	Frequency Containment Reserve	频率限制储备
FERC	Federal Energy Regulatory Commission	联邦能源监管委员会
FFR	Fast Frequency Response	快速频率响应
FRA	Flexibility Resource Adequacy	灵活资源充裕度
FRCE	Frequency Restoration Control Error	频率恢复控制误差
FSFC	Full Size Frequency Converter	全尺寸变频器
GCD	Glen Canyon Dam	格伦峡谷大坝
GMI	Grid Modernization Index	DOE 电网现代化方案

缩略词	英文全称	中文全称
GMLC	Grid Modernization Laboratory Consortium	电网现代化实验室联盟
HBH	Hydro – Battery – Hybrid	混合动力电池
HSC	Hydraulic Short Circuit	抽水和发电功率调节的液压回路
HVDC	High Voltage Direct Current Transmission	高压直流输电
IEA	International Energy Agency	国际能源署
IGCC	International Grid Control Cooperation	国际电网控制合作
IHA	International Hydropower Association	国际水电协会
IRENA	International Renewable Energy Agency	国际可再生能源署
ISGAN	International Smart Grid Action Network	国际智能电网行动网络
ISO – NE	Independent System Operator – New England	新英格兰独立系统运营商
ITC	Investment Tax Credit	投资税收抵免
KPI	Key Performance Indicator	关键绩效指标
LAP	Loveland Area Projects	拉夫兰地区项目
LMP	Locational Marginal Price	节点边际电价
LCOE	Levelized Cost of Electricity	平准化度电成本
MARI	Manually Activated Reserves Initiative	手动备用恢复方案
MEC	Marginal Energy Charge	能源边际费用
mFRR	manual Frequency Restoration Reserve	手动频率恢复储备
MISO	Midcontinent Independent System Operator	美国中陆独立系统运营商
NECEC	Northeast Clean Energy Council	缅因州的新英格兰清洁能源连接
NERC	North American Electric Reliability Council	北美电力可靠性委员会
NREL	National Renewable Energy	国家可再生能源实验室
NYISO	New York Independent System Operator	纽约独立系统运营商
PJM	Pennsylvania – New Jersey – Maryland	宾夕法尼亚州-新泽西州-马里兰州电力公司
PTC	Production Tax Credit	生产税抵免
PUD	Public Utility District	（美国华盛顿奇兰县）公用事业区电网
RPS	Renewable Portfolio Standard	可再生能源配额制
SPPS	Smart Power Plant Supervisor	智能电厂管理系统
VRE	Variable Renewable Energy	可变可再生能源
WECC	Western Electricity Coordinating Council	西部电力协调委员会
XFLEX HYDRO	Hydropower Extending Power System Flexibility project	欧洲水电灵活性改造项目

目录

CONTENTS

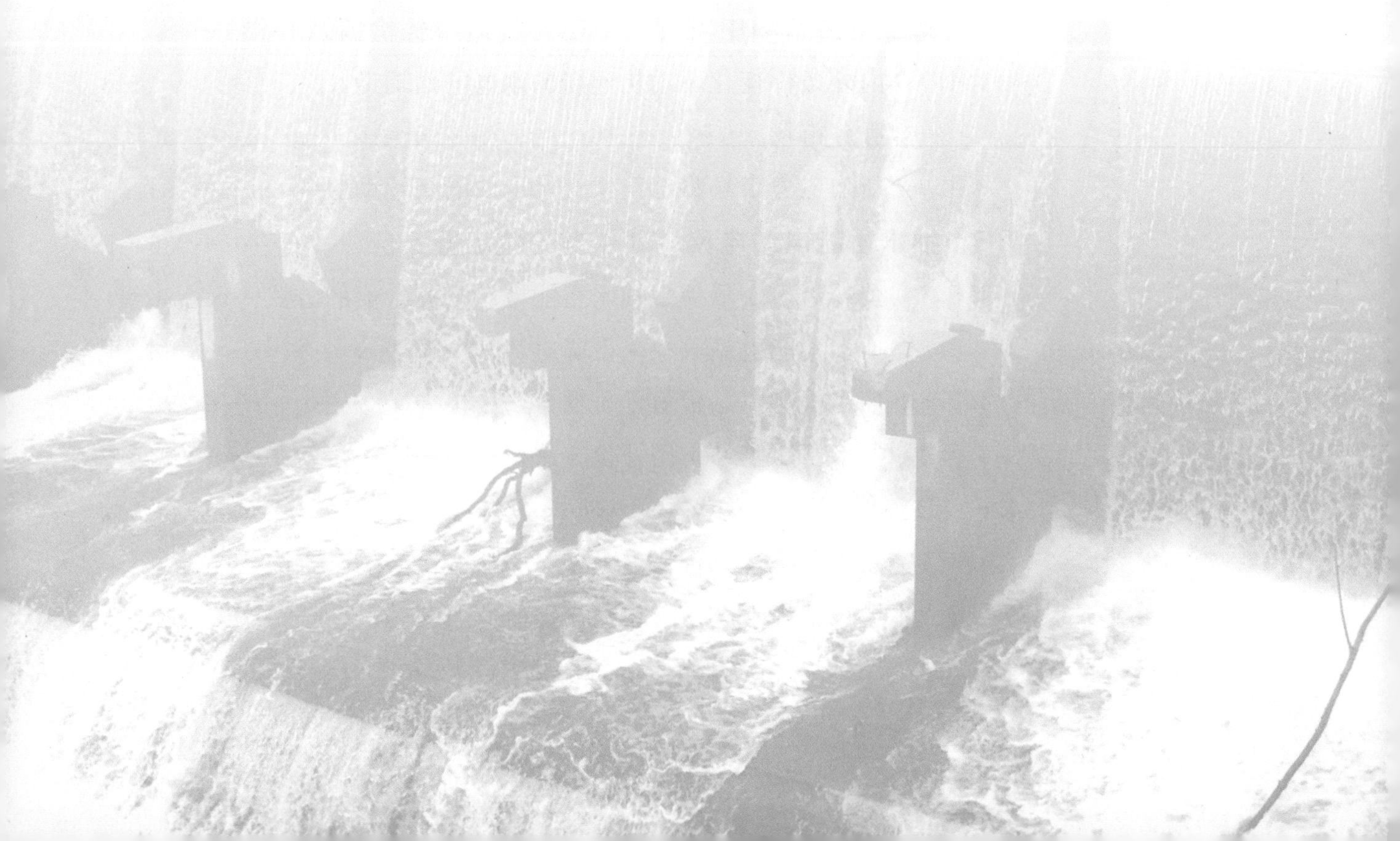

2020 年全球水电行业发展概览

1 主要内容

《全球水电行业年度发展报告 2021》（以下简称《年报 2021》）全面梳理了 2020 年全球水电行业装机容量和发电量发展现状，从全球新能源快速发展与电网面临的挑战、新型电力系统中常规水电灵活性需求和改造、新型电力系统中常规水电灵活性挖潜促新能源消纳增量、水电对电网辅助性服务效益的定量评价和补偿等多个方面，分析了全球水电行业的热点问题。

2 数据来源

《年报 2021》中 2020 年全球主要国家和地区（不含中国）水电装机容量、常规水电装机容量和抽水蓄能装机容量数据均来源于国际可再生能源署（IRENA）最新发布的《可再生能源装机容量统计 2021》（*Renewable Capacity Statistics* 2021）。其中，水电装机容量包括常规水电装机容量和抽水蓄能装机容量；常规水电装机容量含混合式抽水蓄能电站的装机容量，抽水蓄能装机容量为纯抽水蓄能电站的装机容量。

《年报 2021》中 2020 年全球主要国家和地区水电发电量数据来源于国际水电协会（IHA）最新发布的《水电现状报告 2021》（*Hydropower Status Report* 2021）。

《年报 2021》中 2008—2019 年中国水电装机容量和中国水电发电量数据来源于《全球水电行业年度发展报告 2020》（以下简称《年报 2020》）；2020 年中国水电装机容量、常规水电装机容量和抽水蓄能装机容量数据来源于国家能源局发布的《2020 年全国电力工业统计数据》。

全球电力系统现状来源于国际能源署（IEA）发布的《电力市场报告 2020》（*Electricity Market Report*）、《水电灵活性促进可再生能源消纳白皮书》（以下简称《水电白皮书》，*Flexible Hydropower Providing Value to Renewable Energy Integration：White Paper*），国际可再生能源署（IRENA）发布的《评价电力市场灵活性：水电现状与展望》（*Valuing Flexibility in Evol-*

ving Electricity Markets：Current Status and Future Outlook for Hydropower），美国国家学院发布的《美国电力未来》（*The Future of Electric Power in the United States*），美国能源部（DOE）发布的《水电价值：现状、未来和机遇》（*Hydropower Value Study：Current Status and Future Opportunitie*）、《抽水蓄能评价导则：成本效益与决策分析评价框架》（*Pumped Storage Hydropower Valuation Guidebook：A Cost‐Benefit and Decision Analysis Valuation Framework*），欧盟发布的《水电提升电力系统灵活性》（*Flexibility，Technologies and Scenarios for Hydropower*）等报告。

《年报 2021》中统计的国家（地区）与《年报 2020》中一致。国际可再生能源署、国际水电协会和《年报 2021》统计的持有水电数据的国家（地区）分布情况见表 1。

表 1　　　　　　　　持有水电数据的国家（地区）分布情况

名　称	国际可再生能源署数据	国际水电协会数据	《年报 2020》数据
全球	161	221	161
亚洲	38	56	36
美洲	33	49	32
欧洲	40	48	40
非洲	41	58	43
大洋洲	9	10	10

注　发电量数据中，国际水电协会统计的 221 个国家和地区中，仅 157 个国家和地区具有发电量数据，其中 154 个纳入《年报 2021》；其余 64 个国家和地区均无发电量数据。

根据国家统计局《2020 年国民经济和社会发展统计公报》数据，2020 年全年人民币平均汇率为 1 美元兑 6.8974 元人民币。

3　水电行业概览

2020 年，全球水电发展良好，增长稳定。截至 2020 年年底，全球水电装机容量达到 13.27 亿千瓦，其中，抽水蓄能装机容量 1.20 亿千瓦；全球水电新增装机容量约 1998 万千瓦。全球水电发电量达到 43631 亿千瓦时，逐渐成为支撑可再生能源系统的重要能源（见图 1～图 4）。

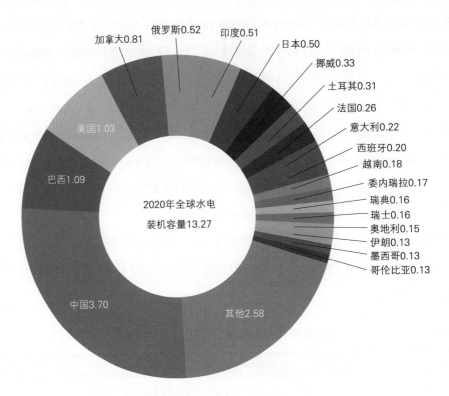

图 1　2020 年全球主要国家（地区）水电装机容量（单位：亿千瓦）

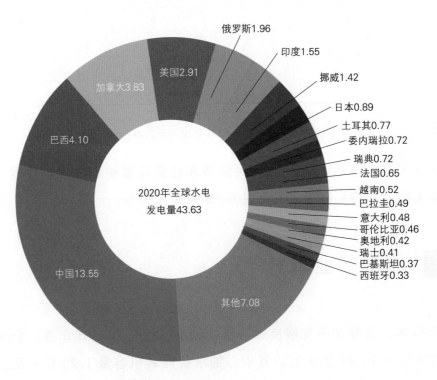

图 2　2020 年全球主要国家（地区）水电发电量（单位：10^3 亿千瓦时）

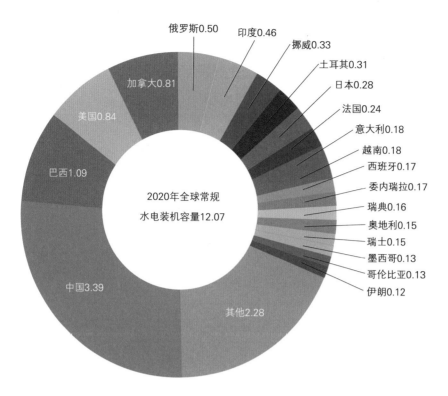

图 3　2020 年全球主要国家（地区）常规水电装机容量（单位：亿千瓦）

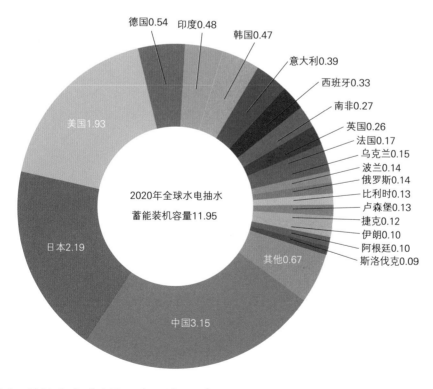

图 4　2020 年全球主要国家（地区）抽水蓄能装机容量（单位：10^{-1} 亿千瓦）

2020 年全球水电行业装机容量和发电量大数据

- ■ 全球水电发电量达到 43631 亿千瓦时。
- ■ 全球水电装机容量达到 13.27 亿千瓦，新增水电装机容量 1998 万千瓦。
- ■ 中国再次引领全球水电行业发展，水电装机容量 3.70 亿千瓦，新增水电装机容量 1212 万千瓦，包括抽水蓄能新增装机容量 120 万千瓦。发电量 13552 亿千瓦时，均居全球首位。
- ■ 新增水电装机容量较高的其他国家包括土耳其（248 万千瓦）、老挝（140 万千瓦）、安哥拉（100 万千瓦）、哥伦比亚（68 万千瓦）、印度尼西亚（59 万千瓦）和奥地利（59 万千瓦）。

2020 年中国水电行业发展大数据

- ■ 中国常规水电装机容量 33867 千瓦，增速加快，同比增速 3.3%。
- ■ 中国抽水蓄能装机容量 3149 万千瓦，增速加快，同比增速 4.0%。

1

全球水电行业发展概况

1.1 全球水电现状

1.1.1 装机容量

　　截至 2020 年年底，全球水电装机容量 13.27 亿千瓦，约占全球可再生能源装机容量的 47.4%。

　　截至 2020 年年底，东亚、欧洲、拉丁美洲和加勒比以及北美 4 个区域的水电装机容量均超过 1 亿千瓦（见图 1.1），占全球

全球水电装机容量持续增长

全球水电装机容量
13.27 亿千瓦

↑**1.5%**

图 1.1　2020 年全球各区域水电装机容量（单位：万千瓦）

数据来源：《可再生能源装机容量统计 2021》《2020 年全国电力工业统计数据》

全球水电开发持续向东亚集中

东亚水电装机容量占比
32.5%

水电装机容量的 82.1%。其中，东亚水电装机容量 43150 万千瓦，占全球水电装机容量的 32.5%（见图 1.2 和表 1.1）。

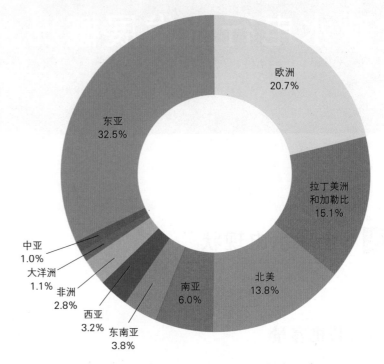

图 1.2　2020 年全球各区域水电装机容量占比

表 1.1　　　　　　2020 年全球各区域水电装机容量及发电量

区　域		装机容量/万千瓦	发电量/亿千瓦时	常规水电装机容量/万千瓦	抽水蓄能装机容量/万千瓦
中文	英文				
东亚	Eastern Asia	43150.3	14637.6	37341.9	5808.4
东南亚	South－eastern Asia	5008.8	1324.3	4879.2	129.6
南亚	Southern Asia	7992.9	2381.6	7410.4	582.6
中亚	Central Asia	1374.1	486.0	1374.1	0
西亚	Western Asia	4186.3	927.4	4132.3	24.0
北美	Northern America	18420.8	6745.0	16476.5	1944.1
拉丁美洲和加勒比	Latin America and the Caribbean	19987.5	7407.2	19890.1	97.4
欧洲	Europe	27416.5	7920.5	24449.2	2967.5
非洲	Africa	3727	1395.2	3407.4	319.6
大洋洲	Oceania	1445.7	406.1	1364.7	81.0
合计		132709.9	43630.9	120725.8	11954.2

注　数据来源：《可再生能源装机容量统计 2021》《水电现状报告 2021》《2020 年全国电力工业统计数据》。

1.1.2 发电量

截至 2020 年年底,全球水电发电量 43631 亿千瓦时,同比增长 1.5%,比 2019 年增加 665 亿千瓦时,同比增速减少 1.0 个百分点。

截至 2020 年年底,东亚、欧洲、拉丁美洲和加勒比、北美 4 个区域的水电发电量均超过 5000 亿千瓦时(见图 1.3),4 个区域的水电发电量占全球水电发电量的 84.1%。其中,东亚水电发电量最高,占全球水电发电量的 33.5%(见图 1.4)。

发电量增速加快

发电量 43631 亿千瓦时

↑ **1.5%**

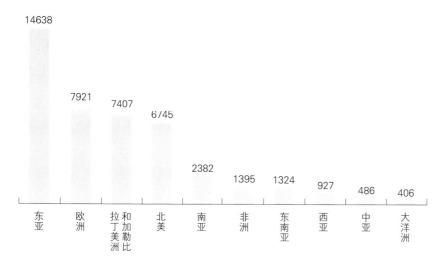

图 1.3　2020 年全球各区域水电发电量(单位:亿千瓦时)

数据来源:《水电现状报告 2021》

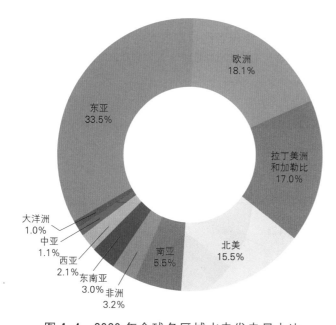

图 1.4　2020 年全球各区域水电发电量占比

常规水电现状

常规水电装机容量增加

常规水电装机容量
1.9% ↑

截至 2020 年年底，全球常规水电装机容量 12.07 亿千瓦，占全球水电装机容量的 91.0%；2020 年全球常规水电装机容量同比增长 1.9%，较上一年度增加 2208 万千瓦。

截至 2020 年年底，东亚、欧洲、拉丁美洲和加勒比、北美 4 个区域的常规水电装机容量均超过 1 亿千瓦（见图 1.5），占全球常规水电装机容量的 81.3%。其中，东亚常规水电装机容量 37342 万千瓦，占全球常规水电装机容量的 30.9%（见图 1.6）。

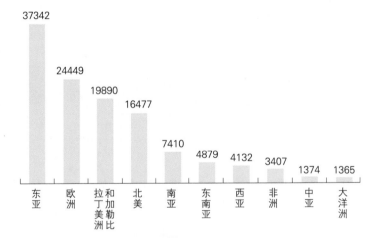

图 1.5　2020 年全球各区域常规水电装机容量（单位：万千瓦）
数据来源：《可再生能源装机容量统计 2021》《2020 年全国电力工业统计数据》

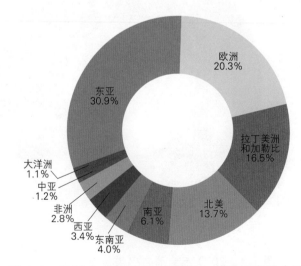

图 1.6　2020 年全球各区域常规水电装机容量占比

1.3 抽水蓄能现状

截至 2020 年年底，全球抽水蓄能装机容量 1.20 亿千瓦，占全球水电装机容量的 9.0%。

截至 2020 年年底，东亚、欧洲、北美 3 个区域的抽水蓄能装机容量均超过 1000 万千瓦（见图 1.7），占全球抽水蓄能装机容量的 89.7%。其中，东亚抽水蓄能装机容量 5808 万千瓦，占全球抽水蓄能装机容量的 48.6%（见图 1.8）。

抽水蓄能装机容量

比上一年度减少

↓ **2.0%**

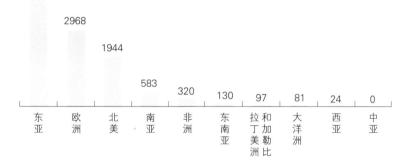

图 1.7　2020 年全球各区域抽水蓄能装机容量（单位：万千瓦）

数据来源：《可再生能源装机容量统计 2021》《2020 年全国电力工业统计数据》

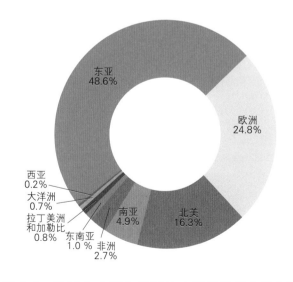

图 1.8　2020 年全球各区域抽水蓄能装机容量占比

2

区域水电行业发展概况

2.1 亚洲

2.1.1 东亚

2.1.1.1 水电现状

2.1.1.1.1 装机容量

东亚水电装机容量持续增长

东亚水电装机容量
2.9% ↑

截至 2020 年年底，东亚水电装机容量 4.32 亿千瓦，占亚洲水电装机容量的 69.9%；比 2019 年增加 1213 万千瓦，同比增长 2.9%。

截至 2020 年年底，中国和日本的水电装机容量均超过 1000 万千瓦（见图 2.1），占东亚水电装机容量的 97.4%。其中，中

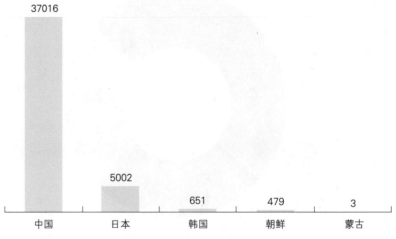

图 2.1　2020 年东亚各国水电装机容量（单位：万千瓦）

数据来源：《可再生能源装机容量统计 2021》《2020 年全国电力工业统计数据》

国水电装机容量占东亚水电装机容量的 85.8%（见图 2.2），比 2019 年新增水电装机容量 1212 万千瓦。

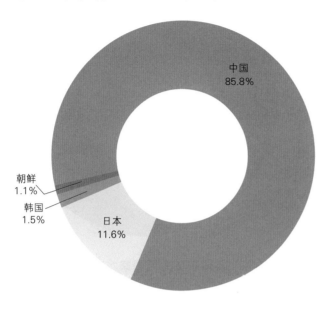

图 2.2　2020 年东亚主要国家水电装机容量占比

2.1.1.1.2　发电量

截至 2020 年年底，东亚水电发电量 14638 亿千瓦时，位居全球之首，比 2019 年新增水电发电量 551 亿千瓦时，同比增长 3.9%。

截至 2020 年年底，中国和日本的水电发电量均超过 500 亿千瓦时（见图 2.3），占东亚水电发电量的 98.7%。其中，中国水电发电量 13552 亿千瓦时，占东亚水电发电量的 92.6%（见图 2.4）。

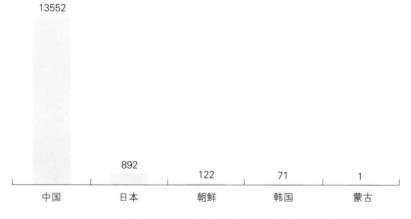

图 2.3　2020 年东亚各国水电发电量（单位：亿千瓦时）

数据来源：《水电现状报告 2021》

中国水电装机容量
领跑东亚

中国水电装机容量占比
85.8%

东亚水电发电量持续增长

东亚水电发电量
↑**3.9%**

中国水电发电量领跑东亚

中国水电发电量占比
92.6%

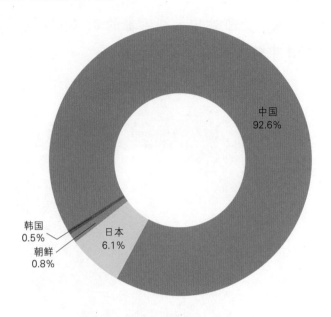

图 2.4 2020 年东亚主要国家水电发电量占比

2.1.1.2 常规水电现状

东亚常规水电装机
容量大幅增长

东亚常规水电装机容量
3.0% ↑

中国常规水电装机
容量占比

90.7%

截至 2020 年年底，东亚常规水电装机容量 3.7 亿千瓦，位居全球之首，比 2019 年新增常规水电装机容量 1093 万千瓦，同比增长 3.0%。

截至 2020 年年底，中国和日本的常规水电装机容量均超过 1000 万千瓦（见图 2.5），占东亚常规水电装机容量的 98.2%。其中，中国占 90.7%（见图 2.6）。

截至 2020 年年底，中国常规水电装机容量 33867 万千瓦，比 2019 年增加 1092 万千瓦，同比增长为 3.3%。

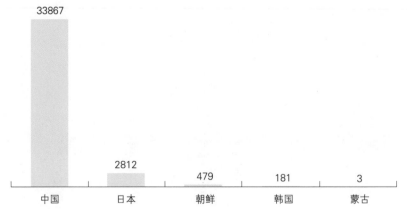

图 2.5 2020 年东亚各国常规水电装机容量（单位：万千瓦）
数据来源：《可再生能源装机容量统计 2021》《2020 年全国电力工业统计数据》

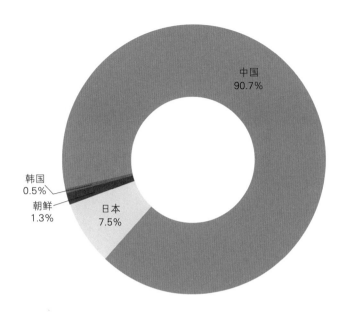

图 2.6 2020 年东亚主要国家常规水电装机容量占比

2.1.1.3 抽水蓄能现状

截至 2020 年年底，东亚抽水蓄能装机容量 5808 万千瓦，位居全球之首，比 2019 年增加 120 万千瓦，同比增长 2.1%，新增装机容量全部来自中国。

截至 2020 年年底，中国和日本的抽水蓄能装机容量均超过 1000 万千瓦（见图 2.7），占东亚抽水蓄能装机容量的 91.9%。其中，中国抽水蓄能装机容量占东亚抽水蓄能装机容量的 54.2%，比 2019 年增长了 1 个百分点；日本抽水蓄能装机容量 2189 万千瓦，与 2019 年持平（见图 2.8）。

东亚抽水蓄能装机容量持续增长

东亚抽水蓄能装机容量

↑ **2.1%**

中国抽水蓄能装机容量位居东亚之首

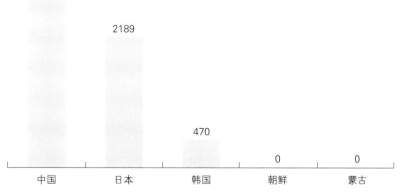

图 2.7 2020 年东亚各国抽水蓄能装机容量（单位：万千瓦）

数据来源：《可再生能源装机容量统计 2021》《2020 年全国电力工业统计数据》

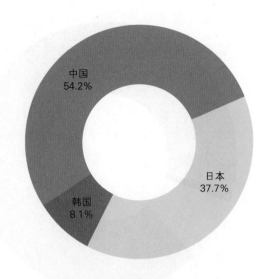

图 2.8　2020 年东亚主要国家抽水蓄能装机容量占比

截至 2020 年年底，中国抽水蓄能装机容量 3149 万千瓦，比 2019 年增加 120 万千瓦，同比增长 4.0%。

2.1.2　东南亚

2.1.2.1　水电现状

2.1.2.1.1　装机容量

东南亚水电装机容量增长加快

东南亚水电装机容量
4.4% ↑

越南水电装机容量位居东南亚之首

越南水电装机容量占比
36.3%

截至 2020 年年底，东南亚水电装机容量 5009 万千瓦，占亚洲水电装机容量的 8.1%，比 2019 年增加 212 万千瓦，同比增长 4.4%。

截至 2020 年年底，东南亚主要国家中仅越南的水电装机容量超过 1000 万千瓦（见图 2.9），占东南亚水电装机容量的 36.3%

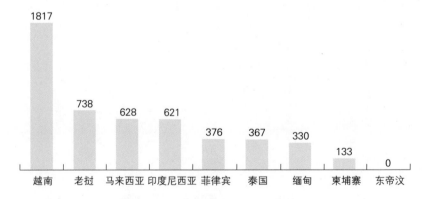

图 2.9　2020 年东南亚主要国家水电装机容量（单位：万千瓦）

数据来源：《可再生能源装机容量统计 2021》

（见图 2.10），老挝水电装机容量增加 140 万千瓦，位居东南亚之首。

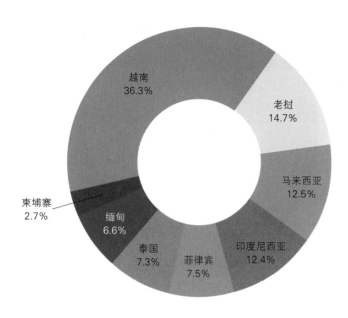

图 2.10 2020 年东南亚主要国家水电装机容量占比

2.1.2.1.2 发电量

截至 2020 年年底，东南亚水电发电量 1324 亿千瓦时，比 2019 年减少 26 亿千瓦时，同比下降 1.9%。

截至 2020 年年底，东南亚主要国家中仅越南的水电发电量超过 500 亿千瓦时（见图 2.11），占东南亚水电发电量的 39.3%（见图 2.12），比 2019 年增加了 0.8 个百分点。

东南亚水电发电量持续减少

东南亚水电发电量
↓ **1.9%**

越南水电发电量位居东南亚之首

越南水电发电量占比
39.3%

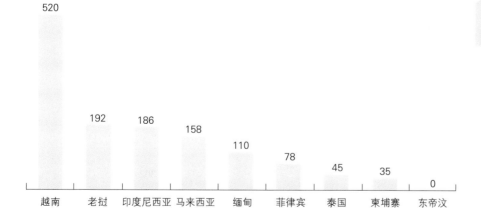

图 2.11 2020 年东南亚主要国家水电发电量（单位：亿千瓦时）
数据来源：《水电现状报告 2021》

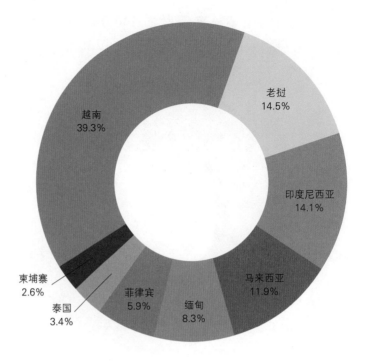

图 2.12 2020 年东南亚主要国家水电发电量占比

2.1.2.2 常规水电现状

截至 2020 年年底，东南亚常规水电装机容量 4879 万千瓦，比 2019 年新增常规水电装机容量 212 万千瓦，同比增长 4.5%。

截至 2020 年年底，东南亚主要国家中仅越南的常规水电装机容量超过 1000 万千瓦（见图 2.13），占东南亚常规水电装机容量的 37.2%（见图 2.14），老挝水电装机容量增加 140 万千瓦，位居东南亚之首。

东南亚常规水电装机容量增速加快

东南亚常规水电装机容量

4.5% ↑

越南常规水电装机容量占比

37.2%

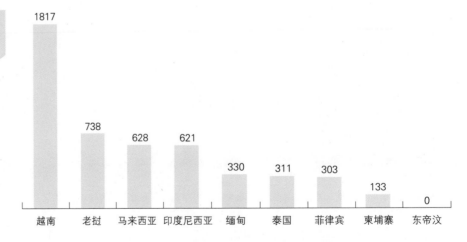

图 2.13 2020 年东南亚主要国家常规水电装机容量（单位：万千瓦）

数据来源：《可再生能源装机容量统计 2021》

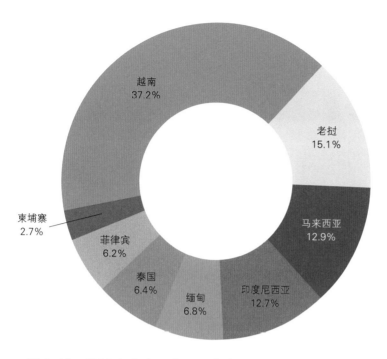

图 2.14　2020 年东南亚主要国家常规水电装机容量占比

2.1.2.3　抽水蓄能现状

截至 2020 年年底，东南亚抽水蓄能装机容量 130 万千瓦，与 2019 年抽水蓄能装机容量持平。

截至 2020 年年底，东南亚地区仅菲律宾和泰国开发建设了抽水蓄能电站。其中，菲律宾抽水蓄能装机容量占东南亚抽水蓄能装机容量的 56.8%。截至 2020 年年底，菲律宾抽水蓄能装机容量 74 万千瓦，与 2019 年持平。

2.1.3　南亚

2.1.3.1　水电现状

2.1.3.1.1　装机容量

截至 2020 年年底，南亚水电装机容量 7993 万千瓦，比 2019 年增加 64 万千瓦，同比增长 0.8%，新增水电装机容量的 71.7% 来自印度。

截至 2020 年年底，南亚各国中印度、伊朗和巴基斯坦的水电装机容量均超过 1000 万千瓦（见图 2.15），占南亚水电装机容量的 92.5%。其中，印度水电装机容量占南亚水电装机容量的 63.4%（见图 2.16），比 2019 年增加了 0.1 个百分点。

东南亚抽水蓄能装机容量与去年持平

菲律宾抽水蓄能装机容量位居东南亚之首

菲律宾抽水蓄能装机容量占比
56.8%

南亚水电装机容量增速放缓

南亚水电装机容量
↑ **0.8%**

印度水电装机容量位居南亚之首

印度水电装机容量占比
63.4%

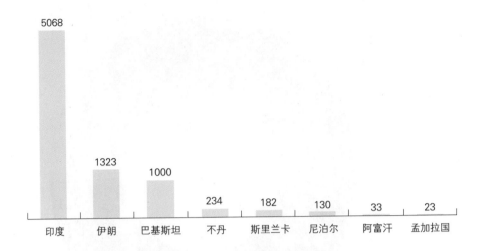

图 2.15 2020 年南亚各国水电装机容量（单位：万千瓦）

数据来源：《可再生能源装机容量统计 2021》

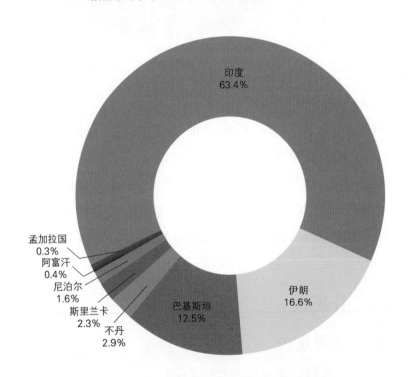

图 2.16 2020 年南亚各国水电装机容量占比

南亚水电发电量呈波动态势

南亚水电发电量
2.9% ↓

印度水电发电量位居南亚之首

印度水电发电量占比
65.1%

2.1.3.1.2 发电量

截至 2020 年年底，南亚水电发电量 2382 亿千瓦时，比 2019 年减少 71 亿千瓦时，同比下降 2.9%。

截至 2020 年年底，南亚各国中仅印度的水电发电量超过 500 亿千瓦时（见图 2.17），占南亚水电发电量的 65.1%（见图 2.18），比 2019 年减少了 1 个百分点。

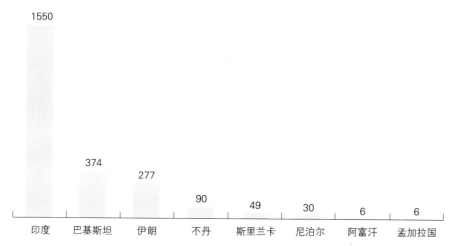

图 2.17 2020 年南亚各国水电发电量（单位：亿千瓦时）

数据来源：《水电现状报告 2021》

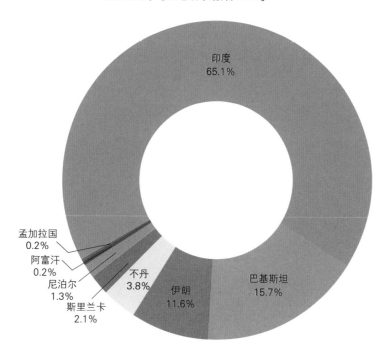

图 2.18 2020 年南亚各国水电发电量占比

2.1.3.2 常规水电现状

截至 2020 年年底，南亚常规水电装机容量 7411 万千瓦，比
2019 年增加 64 万千瓦，同比增长 0.9%，新增常规水电装机容
量的 71.7% 来自印度。

截至 2020 年年底，南亚各国中仅印度、伊朗和巴基斯坦的
常规水电装机容量超过 1000 万千瓦（见图 2.19），占南亚常规水电
装机容量的 91.9%。其中，印度常规水电装机容量占南亚常规水电

南亚常规水电装机
容量增速放缓

南亚常规水电装机容量

↑**0.9%**

印度常规水电装机
容量位居南亚之首

印度常规水电
装机容量占比
61.9%

装机容量的 61.9%（见图 2.20）。截至 2020 年年底，印度常规水电装机容量 4590 万千瓦，比 2019 年增加 46 万千瓦，同比增长 1.0%。

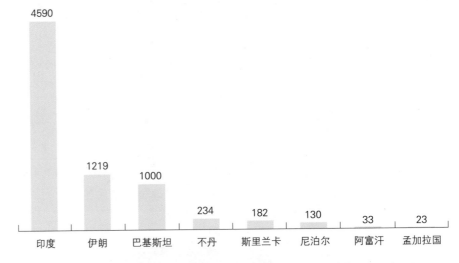

图 2.19　2020 年南亚各国常规水电装机容量（单位：万千瓦）

数据来源：《可再生能源装机容量统计 2021》

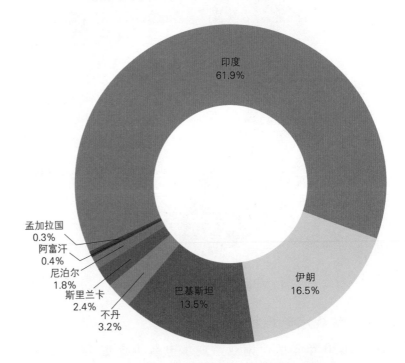

图 2.20　2020 年南亚各国常规水电装机容量占比

印度抽水蓄能装机
容量位居南亚之首

2008 年以来，印度
抽水蓄能装机容量
与往年持平

2.1.3.3　抽水蓄能现状

　　截至 2020 年年底，南亚抽水蓄能装机容量 583 万千瓦，与 2019 年持平。南亚各国中仅印度和伊朗建设了抽水蓄能电站，其中印度抽水蓄能装机容量占南亚抽水蓄能装机容量的 82.1%。

2008 年以来，印度抽水蓄能装机容量与往年持平。

2.1.4 中亚

2.1.4.1 水电现状

2.1.4.1.1 装机容量

截至 2020 年年底，中亚水电装机容量 1374 万千瓦，比 2019 年增加 8 万千瓦，同比增长 0.6%，增加的水电装机容量的主要来自乌兹别克斯坦。

截至 2020 年年底，中亚各国中仅塔吉克斯坦的水电装机容量超过 500 万千瓦（见图 2.21），为 527 万千瓦，位居中亚首位，占中亚水电装机容量的 38.4%（见图 2.22）。

中亚水电装机容量增长缓慢

中亚水电装机容量

↑ 0.6%

塔吉克斯坦水电装机容量位居中亚之首

塔吉克斯坦水电装机容量占比

38.4%

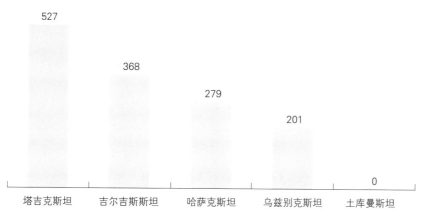

图 2.21 2020 年中亚各国水电装机容量（单位：万千瓦）
数据来源：《可再生能源装机容量统计 2021》

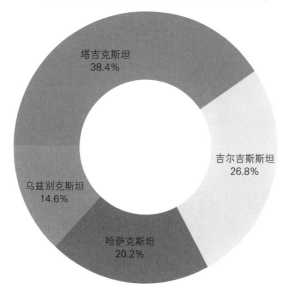

图 2.22 2020 年中亚主要国家水电装机容量占比

中亚水电发电量持续下降

中亚水电发电量
2.6% ↓

塔吉克斯坦水电发电量位居中亚之首

塔吉克斯坦水电发电量占比
35.0%

2.1.4.1.2 发电量

截至 2020 年年底，中亚水电发电量 486 亿千瓦时，比 2019 年减少 13 亿千瓦时，同比下降 2.6%。

截至 2020 年年底，中亚各国的水电发电量均未超过 500 亿千瓦时（见图 2.23）。塔吉克斯坦的发电量位居中亚首位，为 170 亿千瓦时，占中亚水电发电量的 35.0%（见图 2.24）。

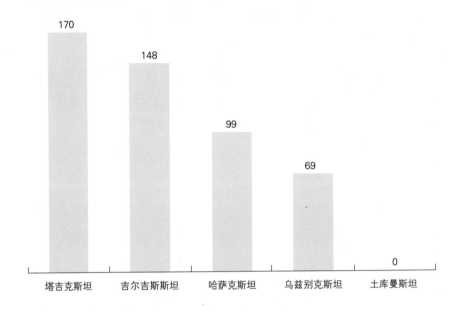

图 2.23　2020 年中亚各国水电发电量（单位：亿千瓦时）

数据来源：《水电现状报告 2021》

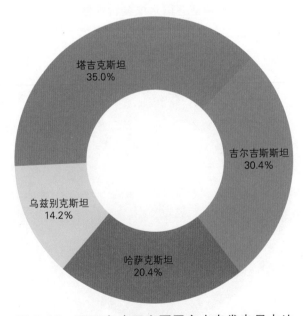

图 2.24　2020 年中亚主要国家水电发电量占比

2.1.4.2 常规水电现状

截至 2020 年年底，中亚常规水电装机容量 1374 万千瓦，比 2019 年增加 8 万千瓦，同比增长 0.6%，增加的水电装机容量主要来自乌兹别克斯坦。

截至 2020 年年底，中亚各国中仅塔吉克斯坦的常规水电装机容量超过 500 万千瓦（见图 2.25），为 527 万千瓦，位居中亚首位，占中亚水电装机容量的 38.4%（见图 2.26）。

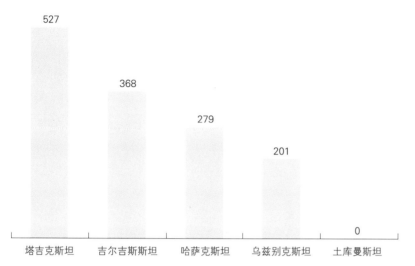

图 2.25　2020 年中亚各国常规水电装机容量（单位：万千瓦）

数据来源：《可再生能源装机容量统计 2021》

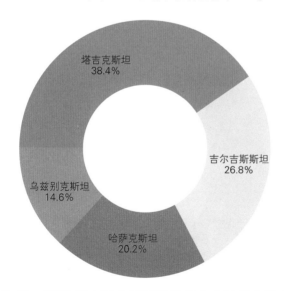

图 2.26　2020 年中亚主要国家常规水电装机容量占比

2.1.4.3 抽水蓄能现状

截至 2020 年年底，中亚各国暂无抽水蓄能装机容量数据。

中亚常规水电装机增长缓慢

中亚常规水电装机容量

↑0.6%

塔吉克斯坦常规水电装机容量位居中亚之首

塔吉克斯坦常规水电装机容量占比

38.4%

2.1.5 西亚

2.1.5.1 西亚水电现状

2.1.5.1.1 装机容量

**西亚水电装机容量
大幅增长**

西亚水电装机容量

8.5%↑

**土耳其水电装机容
量位居西亚之首**

土耳其水电装机
容量占比

74.0%

截至2020年年底，西亚水电装机容量4186万千瓦，比2019年增加328万千瓦，同比增长8.5%。

截至2020年年底，西亚主要国家中仅土耳其的水电装机容量超过1000万千瓦，为3098万千瓦（见图2.27），占西亚水电装机容量的74.0%（见图2.28）。

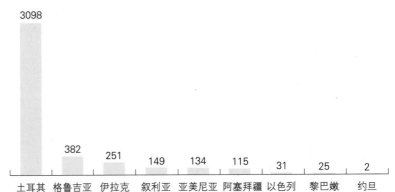

图2.27　2020年西亚主要国家水电装机容量（单位：万千瓦）

数据来源：《可再生能源装机容量统计2021》

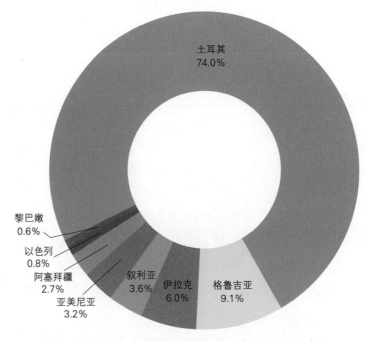

图2.28　2020年西亚主要国家水电装机容量占比

2. 1. 5. 1. 2 发电量

截至 2020 年年底，西亚水电发电量 927 亿千瓦时，比 2019 年减少 129 亿千瓦时，同比下降 12.2%。

截至 2020 年年底，西亚主要国家中仅土耳其的水电发电量超过 500 亿千瓦时（见图 2.29），为 774 亿千瓦时，占西亚水电发电量的 83.4%（见图 2.30）。

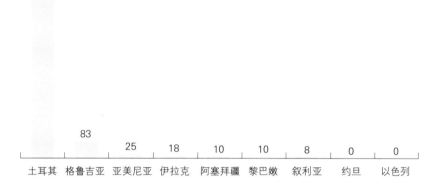

图 2.29　2020 年西亚主要国家水电发电量（单位：亿千瓦时）

数据来源：《水电现状报告 2021》

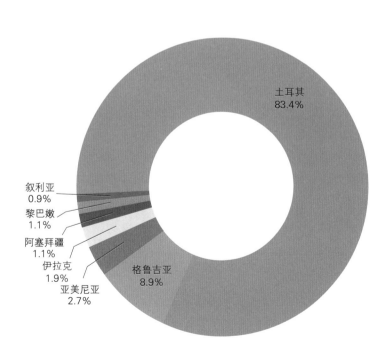

图 2.30　2020 年西亚主要国家水电发电量占比

西亚水电发电量呈波动式态势

西亚水电发电量

↓ **12.2%**

土耳其水电发电量位居西亚之首

土耳其水电发电量占比

83.4%

2.1.5.2 常规水电现状

截至 2020 年年底，西亚常规水电装机容量 4132 万千瓦，比 2019 年增加 298 万千瓦，同比增长 7.8%。

截至 2020 年年底，西亚主要国家中仅土耳其的常规水电装机容量超过 1000 万千瓦，为 3098 万千瓦（见图 2.31），占西亚常规水电装机容量的 75.0%（见图 2.32）。

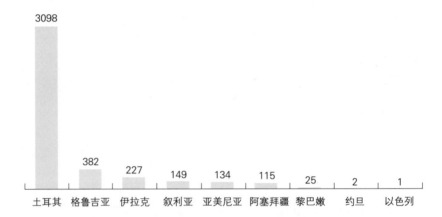

图 2.31　2020 年西亚主要国家常规水电装机容量（单位：万千瓦）

数据来源：《可再生能源装机容量统计 2021》

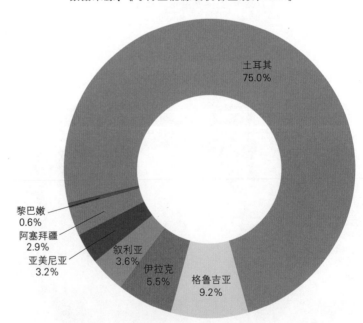

图 2.32　2020 年西亚主要国家常规水电装机容量占比

2.1.5.3 抽水蓄能现状

截至 2020 年年底，西亚主要国家中仅伊拉克开发建设了抽水蓄能电站，装机容量 24 万千瓦，与 2019 年持平。

2.2 美洲

2.2.1 北美

2.2.1.1 水电现状

2.2.1.1.1 装机容量

截至 2020 年年底，北美水电装机容量 1.84 亿千瓦，比 2019 年增加 31 万千瓦，同比增长 0.2%。

截至 2020 年年底，美国和加拿大的水电装机容量均超过 1000 万千瓦（见图 2.33）。其中，美国水电装机容量占北美水电装机容量的 56.0%，加拿大水电装机容量占北美水电装机容量的 44.0%（见图 2.34）。

北美水电装机容量增长缓慢

北美水电装机容量
↑ **0.2%**

美国水电装机容量位居北美之首

美国水电装机容量占比
56.0%

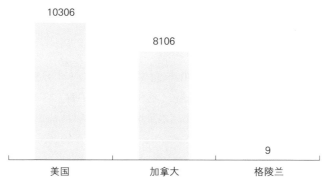

图 2.33　2020 年北美主要国家（地区）水电装机容量（单位：万千瓦）

数据来源：《可再生能源装机容量统计 2021》《水电现状报告 2021》

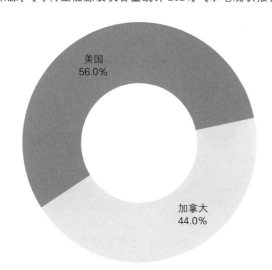

图 2.34　2020 年北美主要国家水电装机容量占比

2.2.1.1.2　发电量

截至 2020 年年底，北美水电发电量 6745 亿千瓦时，比 2019 年增加 21 亿千瓦时，同比增长 0.3%。

截至 2020 年年底，加拿大和美国的水电发电量均超过 500 亿千瓦时（见图 2.35）。其中，加拿大水电发电量 3830 亿千瓦时，占北美水电发电量的 56.8%（见图 2.36），比 2019 年减少了 2.4 个百分点。

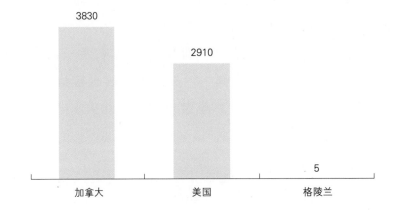

图 2.35　2020 年北美主要国家（地区）
水电发电量（单位：亿千瓦时）
数据来源：《水电现状报告 2021》

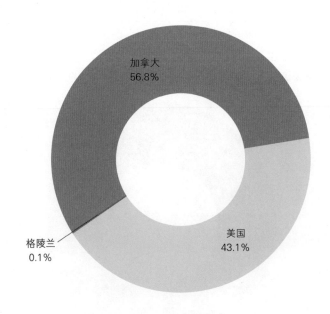

图 2.36　2020 年北美主要国家（地区）
水电发电量占比

2.2.1.2　常规水电现状

截至 2020 年年底，北美常规水电装机容量 1.65 亿千瓦，比 2019 年增加 390 万千瓦，同比增长 2.4%。

截至 2020 年年底，美国和加拿大的常规水电装机容量均超过 1000 万千瓦（见图 2.37）。其中，美国常规水电装机容量继 2015 年之后再次反超加拿大，位居北美之首。美国常规水电装机容量占北美常规水电装机容量的 50.9%，加拿大常规水电装机容量占北美常规水电装机容量的 49.1%（见图 2.38）。

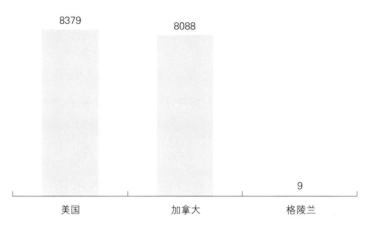

图 2.37　2020 年北美主要国家（地区）
常规水电装机容量（单位：万千瓦）
数据来源：《可再生能源装机容量统计 2021》《水电现状报告 2021》

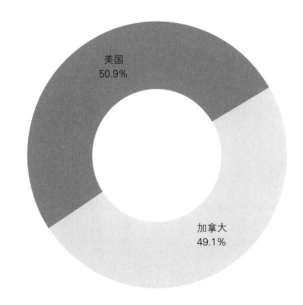

图 2.38　2020 年北美主要国家常规水电装机容量占比

北美常规水电装机容量较去年大幅增长

北美常规水电装机容量
↑ **2.4%**

美国常规水电装机容量位居北美之首

美国常规水电装机容量占比
50.9%

2.2.1.3 抽水蓄能现状

截至 2020 年年底，北美抽水蓄能装机容量 1944 万千瓦，比 2019 年减少 359 万千瓦，同比下降 15.6%。

截至 2020 年年底，美国抽水蓄能装机容量 1927 万千瓦，占北美抽水蓄能装机容量的 99.1%。比 2018 年抽水蓄能装机容量占比下降 0.1 个百分点。

2.2.2 拉丁美洲和加勒比

2.2.2.1 水电现状

2.2.2.1.1 装机容量

截至 2020 年年底，拉丁美洲和加勒比水电装机容量 19988 万千瓦，比 2019 年增加 127 万千瓦，同比增长 0.6%，新增水电装机容量的 53.9% 来自哥伦比亚。

截至 2020 年年底，巴西、委内瑞拉、墨西哥、哥伦比亚和阿根廷 5 个国家的水电装机容量均超过 1000 万千瓦（见图 2.39），占拉丁美洲和加勒比水电装机容量的 81.3%。其中，巴西水电装机容量占拉丁美洲和加勒比水电装机容量的 54.7%，比 2019 年下降了 0.2 个百分点，位居拉丁美洲和加勒比之首（见图 2.40）。

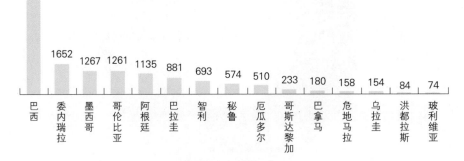

图 2.39　2020 年拉丁美洲和加勒比水电装机容量
前 15 位国家（单位：万千瓦）
数据来源：《可再生能源装机容量统计 2021》

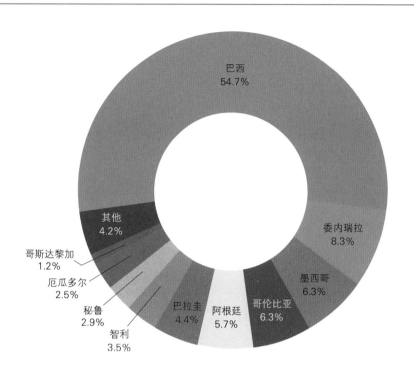

图 2.40　2020 年拉丁美洲和加勒比主要国家（地区）
水电装机容量占比

2.2.2.1.2　发电量

截至 2020 年年底，拉丁美洲和加勒比水电发电量 7407 亿千瓦时，比 2019 年减少 44 亿千瓦时，同比下降 0.6%。

截至 2020 年年底，巴西和委内瑞拉 2 个国家的水电发电量均超过 500 亿千瓦时（见图 2.41），占拉丁美洲和加勒比水电发电量的 65.0%。其中，巴西水电发电量 4095 亿千瓦时，占拉丁美洲和加勒比水电发电量的 55.3%（见图 2.42），比 2019 年增加了 3.4 个百分点。

2.2.2.2　常规水电现状

截至 2020 年年底，拉丁美洲和加勒比常规水电装机容量 1.99 亿千瓦，比 2019 年增加 127 万千瓦，同比增长 0.6%，新增常规水电装机容量的 53.9% 来自哥伦比亚。

截至 2020 年年底，巴西、委内瑞拉、墨西哥、哥伦比亚和阿根廷 5 个国家的常规水电装机容量均超过 1000 万千瓦（见图 2.43），占拉丁美洲和加勒比水电装机容量的 81.2%。其中，巴西常规水电装机容量占拉丁美洲和加勒比常规水电装机容量的 55.0%，比 2019 年减少了 0.2 个百分点（见图 2.44）。

拉丁美洲和加勒比
水电发电量下降

拉丁美洲和加勒比
水电发电量
↓ **0.6%**

巴西水电发电量位
居拉丁美洲和加勒
比之首

巴西水电发电量占比
55.3%

拉丁美洲和加勒比
常规水电装机容量
持续增长

拉丁美洲和加勒比
常规水电装机容量
↑ **0.6%**

巴西常规水电装机
容量位居拉丁美洲
和加勒比之首

巴西常规水电
装机容量占比
55.0%

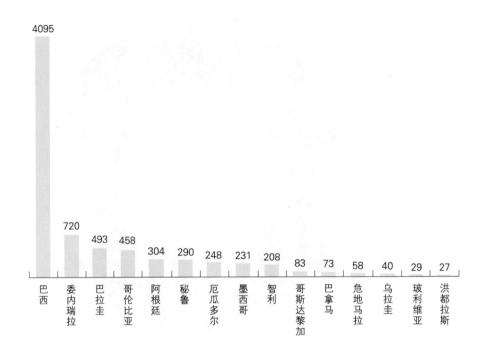

图 2.41　2020 年拉丁美洲和加勒比水电发电量
前 15 位国家（单位：亿千瓦时）
数据来源：《水电现状报告 2021》

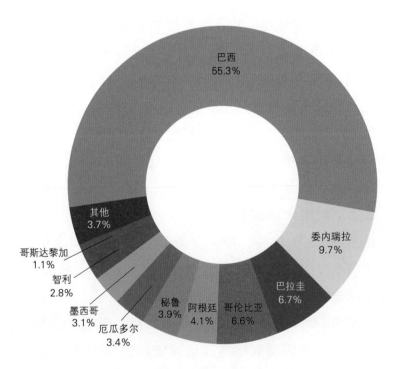

图 2.42　2020 年拉丁美洲和加勒比主要国家（地区）
水电发电量占比

图 2.43　2020 年拉丁美洲和加勒比常规水电装机容量
前 15 位国家（单位：万千瓦）

数据来源：《可再生能源装机容量统计 2021》

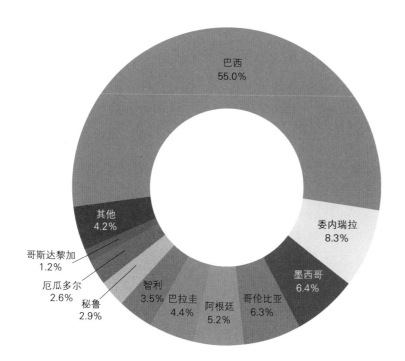

图 2.44　2020 年拉丁美洲和加勒比主要国家（地区）
常规水电装机容量占比

2.2.2.3 抽水蓄能现状

截至 2020 年年底，拉丁美洲和加勒比主要国家（地区）中仅阿根廷开发建设了抽水蓄能电站，自 2008 年以来，装机容量始终保持为 97 万千瓦。

2.3 欧洲

2.3.1 水电现状

2.3.1.1 装机容量

截至 2020 年年底，欧洲水电装机容量 2.74 亿千瓦。欧洲水电装机容量比 2019 年减少 148 万千瓦，同比下降 0.5%，减少的水电装机容量主要来自俄罗斯。

截至 2020 年年底，欧洲主要国家中水电装机容量超过 1000 万千瓦的国家有 9 个，包括俄罗斯、挪威、法国、意大利、西班牙、瑞典、瑞士、奥地利和德国（见图 2.45），9 个国家水电装机容量之和占欧洲水电装机容量的 77.0%。其中，俄罗斯水电装机容量占欧洲水电装机容量的 18.9%，位居欧洲各国之首（见图 2.46）。

欧洲水电装机容量减少

欧洲水电装机容量
0.5%↓

俄罗斯水电装机容量位居欧洲之首

俄罗斯水电装机容量占比
18.9%

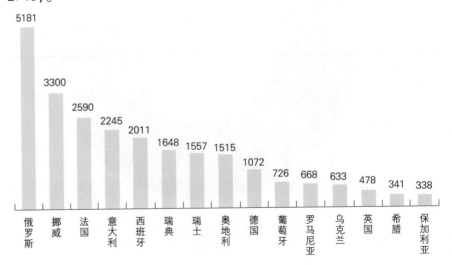

图 2.45　2020 年欧洲水电装机容量前 15 位国家（单位：万千瓦）
数据来源：《可再生能源装机容量统计 2021》

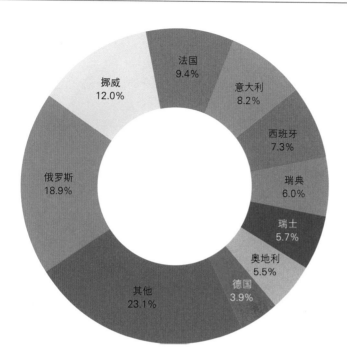

图 2.46　2020 年欧洲主要国家水电装机容量占比

2.3.1.2　发电量

　　截至 2020 年年底，欧洲水电发电量 7921 亿千瓦时，比 2019 年增加 366 亿千瓦时，同比增长 4.8%。

　　截至 2020 年年底，俄罗斯、挪威、瑞典和法国 4 个国家的水电发电量均超过 500 亿千瓦时（见图 2.47），占欧洲水电发电量的 59.9%。其中，俄罗斯水电发电量占欧洲水电发电量的 24.7%，位居欧洲之首（见图 2.48）。

欧洲水电发电量呈波动式增长

欧洲水电发电量

↑**4.8%**

俄罗斯水电发电量位居欧洲之首

俄罗斯水电发电量占比

24.7%

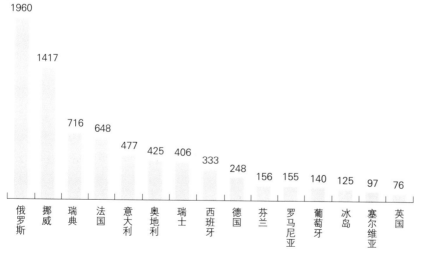

图 2.47　2020 年欧洲水电发电量前 15 位国家（单位：亿千瓦时）

数据来源：《水电现状报告 2021》

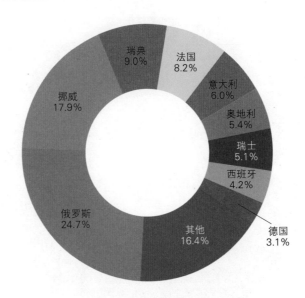

图 2.48　2020 年欧洲主要国家水电发电量占比

2.3.2　常规水电现状

欧洲常规水电装机容量减少

欧洲常规水电装机容量
0.6% ↓

俄罗斯常规水电装机容量位居欧洲之首

俄罗斯常规水电装机
容量占比
20.6%

截至 2020 年年底，欧洲常规水电装机容量 2.44 亿千瓦，比 2019 年减少 146 万千瓦，同比下降 0.6%，减少的常规水电装机容量主要来自俄罗斯。

截至 2020 年年底，欧洲常规水电装机容量超过 1000 万千瓦的国家有 8 个，包括俄罗斯、挪威、法国、意大利、西班牙、瑞典、奥地利和瑞士（见图 2.49），8 个国家常规水电装机容量之和占欧洲常规水电装机容量的 77.5%。其中，俄罗斯常规水电装

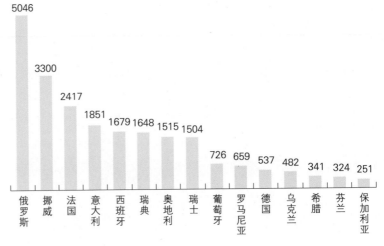

图 2.49　2020 年欧洲常规水电装机容量前 15 位国家（单位：万千瓦）
数据来源：《可再生能源装机容量统计 2021》

机容量占欧洲常规水电装机容量的 20.6%，位居欧洲之首，比 2019 年减少了 0.8 个百分点（见图 2.50）。

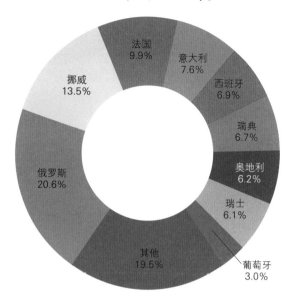

图 2.50　2020 年欧洲主要国家常规水电装机容量占比

2.3.3　抽水蓄能现状

截至 2020 年年底，欧洲抽水蓄能装机容量 2968 万千瓦，比 2019 年减少 1 万千瓦，同比下降 0.1%。

截至 2020 年年底，德国抽水蓄能装机容量 536 万千瓦（见图 2.51），占欧洲抽水蓄能装机容量的 18.0%，位居欧洲之首（见图 2.52）。

欧洲抽水蓄能装机容量减少

欧洲抽水蓄能装机容量
↓ **0.1%**

德国抽水蓄能装机容量位居欧洲之首

德国抽水蓄能装机容量占比
18.0%

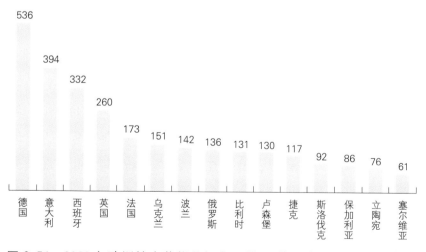

图 2.51　2020 年欧洲抽水蓄能装机容量前 15 位国家（单位：万千瓦）
数据来源：《可再生能源装机容量统计 2021》

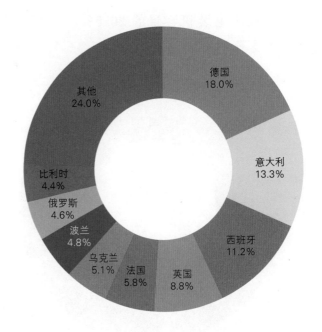

图 2.52　2020 年欧洲主要国家抽水蓄能装机容量占比

2.4　非洲

非洲水电装机容量
快速增长

非洲水电装机容量
3.8% ↑

埃塞俄比亚水电装机
容量位居非洲之首

埃塞俄比亚水电
装机容量占比
10.9%

非洲水电发电量呈
波动态势

非洲水电发电量
1.4% ↑

2.4.1　水电现状

2.4.1.1　装机容量

截至 2020 年年底，非洲水电装机容量 3727 万千瓦，比 2019 年增加 138 万千瓦，同比增长 3.8%，新增水电装机容量的 72.6% 来自安哥拉。

截至 2020 年年底，埃塞俄比亚、安哥拉和南非的水电装机容量均超过 300 万千瓦（见图 2.53），占非洲水电装机容量的 30.2%。其中，埃塞俄比亚水电装机容量占非洲水电装机容量的 10.9%，比 2019 年增加了 0.3 个百分点，位居非洲之首（见图 2.54）。

2.4.1.2　发电量

截至 2020 年年底，非洲水电发电量 1395 亿千瓦时，比 2019 年增加 19 亿千瓦时，同比增加 1.4%。

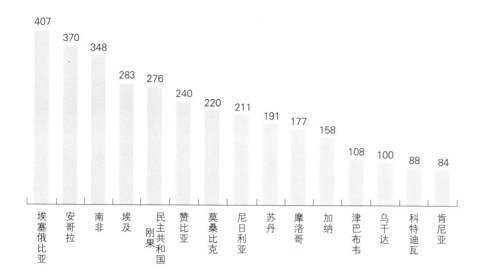

图 2.53　2020 年非洲水电装机容量前 15 位国家（单位：万千瓦）

数据来源：《可再生能源装机容量统计 2021》

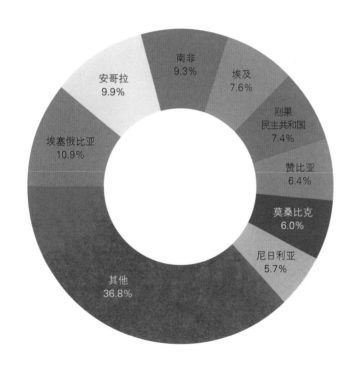

图 2.54　2020 年非洲主要国家（地区）水电装机容量占比

莫桑比克水电发电量位居非洲之首

截至 2020 年年底，莫桑比克、赞比亚、埃塞俄比亚、埃及和安哥拉的水电发电量均超过 100 亿千瓦时（见图 2.55），占非洲水电发电量的 45.6%。其中，莫桑比克水电发电量占非洲水电发电量的 10.2%，位居非洲之首（见图 2.56）。

莫桑比克水电发电量占比

10.2%

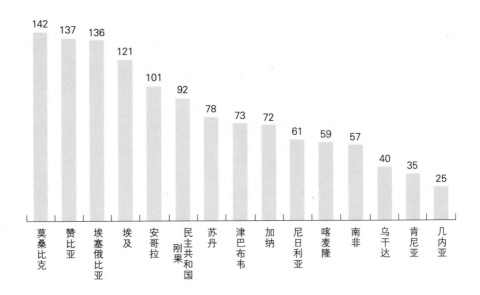

图 2.55 2020 年非洲水电发电量前 15 位国家（单位：亿千瓦时）

数据来源：《水电现状报告 2021》

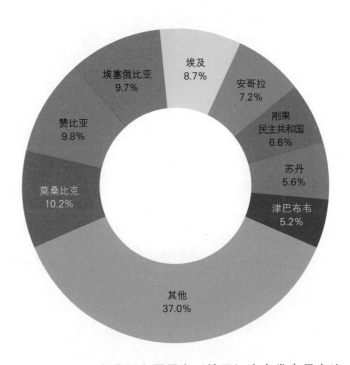

图 2.56 2021 年非洲主要国家（地区）水电发电量占比

非洲常规水电装机容量快速增长

非洲常规水电装机容量

4.2% ↑

2.4.2 常规水电现状

截至 2020 年年底，非洲常规水电装机容量 3407 万千瓦，比 2019 年增加 138 万千瓦，同比增长 4.2%，新增常规水电装机容量的 72.6% 来自安哥拉。

截至 2020 年年底，非洲各国中仅埃塞俄比亚和安哥拉的常规水电装机容量超过 300 万千瓦（见图 2.57），占非洲常规水电装机容量的 22.8%。其中，埃塞俄比亚常规水电装机容量占非洲常规水电装机容量的 11.9%，比 2019 年增加了 0.2 个百分点，位居非洲之首（见图 2.58）。

埃塞俄比亚常规水电装机容量位居非洲之首

埃塞俄比亚常规水电装机容量占比

11.9%

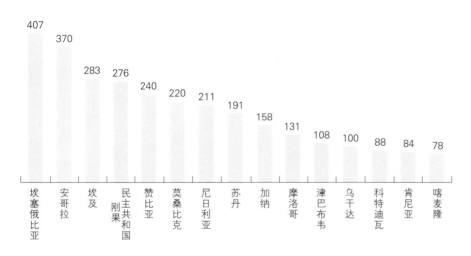

图 2.57　2020 年非洲常规水电装机容量前 15 位国家（单位：万千瓦）

数据来源：《可再生能源装机容量统计 2021》

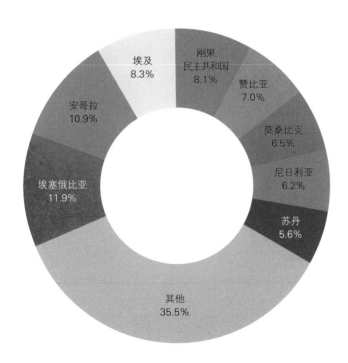

图 2.58　2020 年非洲主要国家（地区）常规
水电装机容量占比

2.4.3　抽水蓄能现状

非洲抽水蓄能装机
容量

与 2019 年持平

南非抽水蓄能装机
容量位居非洲之首

南非抽水蓄能
装机容量占比
85.5%

截至 2020 年年底，非洲抽水蓄能装机容量 320 万千瓦，与 2019 年持平。

截至 2020 年年底，非洲主要国家（地区）中仅南非和摩洛哥开发建设了抽水蓄能电站。其中，南非抽水蓄能装机容量占非洲抽水蓄能装机容量的 85.5%。截至 2020 年年底，南非抽水蓄能装机容量 273 万千瓦，与 2019 年持平。

2.5　大洋洲

2.5.1　水电现状

2.5.1.1　装机容量

大洋洲水电装机容
量增加

大洋洲水电装机容量
1.8↑

澳大利亚水电装机
容量位居大洋洲
之首

澳大利亚水电
装机容量占比
59.0%

截至 2020 年年底，大洋洲水电装机容量 1446 万千瓦，比 2019 年增加了 25 万千瓦，同比增长 1.8%。

截至 2020 年年底，澳大利亚和新西兰 2 个国家的水电装机容量超过 500 万千瓦（见图 2.59），占大洋洲水电装机容量的 96.3%。其中，澳大利亚装机容量占大洋洲装机容量的 59.0%，位居大洋洲之首（见图 2.60）。

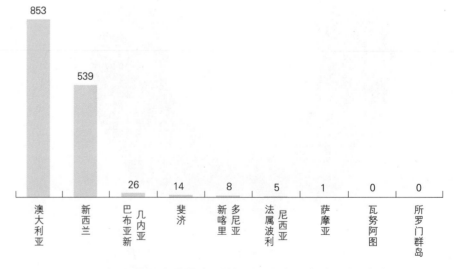

图 2.59　2020 年大洋洲主要国家（地区）水电装机容量（单位：万千瓦）

数据来源：《可再生能源装机容量统计 2021》

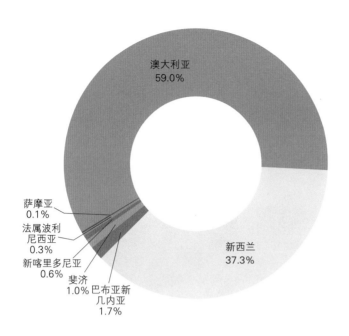

图 2.60　2020 年大洋洲主要国家（地区）水电装机容量占比

2.5.1.2　发电量

截至 2020 年年底，大洋洲水电发电量 406 亿千瓦时，比 2019 年减少 8 亿千瓦时，同比下降 2.0%。

截至 2020 年年底，新西兰和澳大利亚 2 个国家的水电发电量均超过 100 亿千瓦时（见图 2.61），占大洋洲水电发电量的 95.8%。其中，新西兰水电发电量占大洋洲水电发电量的 59.1%，比 2019 年减少了 2.2 个百分点，位居大洋洲之首（见图 2.62）。

大洋洲水电发电量持续下降

大洋洲水电发电量

↓ **2.0%**

新西兰水电发电量位居大洋洲之首

新西兰水电发电量占比

59.1%

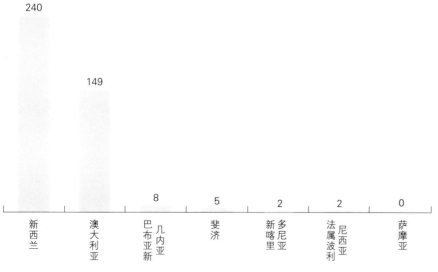

图 2.61　2020 年大洋洲主要国家（地区）水电发电量（单位：亿千瓦时）

数据来源：《水电现状报告 2021》

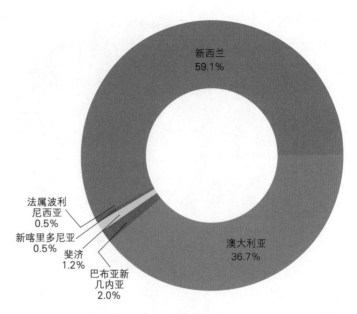

图 2.62　2020 年大洋洲主要国家（地区）水电发电量占比

2.5.2　常规水电现状

　　截至 2020 年年底，大洋洲常规水电装机容量 1365 万千瓦，比 2019 年增加了 25 万千瓦，同比增长 1.9%，新增常规水电装机容量 98.4% 来自澳大利亚。

　　截至 2020 年年底，大洋洲主要国家（地区）中仅澳大利亚和新西兰 2 个国家的常规水电装机容量超过 500 万千瓦（见图 2.63），占

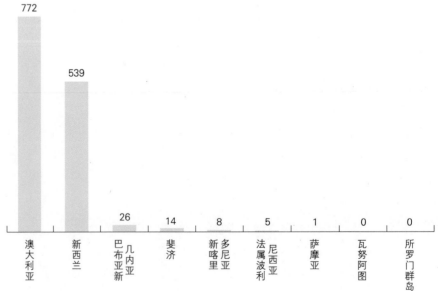

图 2.63　2020 年大洋洲主要国家（地区）常规水电装机容量（单位：万千瓦）
数据来源：《可再生能源装机容量统计 2021》

大洋洲常规水电装机容量的 96.0%。其中，澳大利亚常规水电装机
容量占大洋洲常规水电装机容量的 56.5%，比 2018 年增加了 0.7 个
百分点，位居大洋洲之首（见图 2.64）。

**澳大利亚常规水电
装机容量位居大洋
洲之首**

澳大利亚常规水电
装机容量占比
56.5%

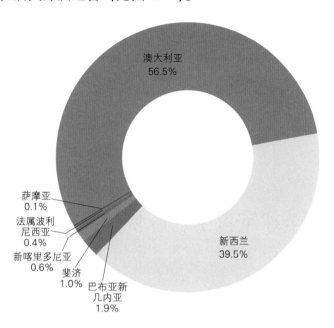

图 2.64　2020 年大洋洲主要国家（地区）常规水电装机容量占比

2.5.3　抽水蓄能现状

　　截至 2020 年年底，大洋洲主要国家（地区）中仅澳大利亚
开发建设了抽水蓄能电站，装机容量 81 万千瓦，与 2019 年
持平。

3

新型电力系统水电挖潜促新能源消纳增量

3.1 **全球可再生能源快速发展与电力系统面临的挑战**

3.1.1 全球电力发展现状和趋势

3.1.1.1 电力供需总体形势

（1）电力消费需求下降。2020年，全球经济受新冠肺炎疫情的影响，全球电力需求出现萎靡，需求比上年降低2%，是20世纪中叶以来最大年降幅。其中，美国、英国、德国和印度4个典型国家电力需求分别同比下降3.8%、1%、5%和2%，德国降幅最大。中国是2020年唯一一个电力需求增加的主要经济体，增长约为2%。

（2）可再生能源装机比重得到突破。根据国际能源署和国际水电协会最新统计，截至2020年年底，全球电力装机容量66.72亿千瓦。其中，煤电21.31亿千瓦、气电18.22亿千瓦、风电和太阳能发电13.98亿千瓦，水电装机容量13.27亿千瓦。2020年，风电和太阳能发电装机容量首次超过水电。

（3）电力市场持续发展。2020年，由于全球电力需求下降，电力批发价格继2019年下降12%之后，再次下降28%。各国相继出台激励措施，鼓励电力消费者参与，提高电力需求侧响应能力,助力新能源消纳,提升电气化水平。欧盟现已建立了统一的电力市场政策,预计 2025 年年底,至少 75% 的电力用于竞价交易。福岛核事故后,日本启动电力市场化交易,大力发展海上风电等可再生能源项目。东南亚地区多个国家也开始实施电力市场化交易,旨在刺激新能源投资。

(4)全球跨境电力贸易增大。欧洲国家(地区)跨境电力交易最为广泛,由于欧洲国家间联系更为紧密,尤其是与美国的大规模贸易,提升了欧洲各国电力市场的协调能力。尽管新冠肺炎疫情导致经济活动下降,但美国和加拿大之间仍在维持稳定的电力交易。2020 年上半年美国从加拿大的电力进口首次达到 274 亿千瓦时,比上年同期增加 250 亿千瓦时;同期,美国对加拿大的电力出口从 74 亿千瓦时降至 65 亿千瓦时。

3.1.1.2 全球电力发展趋势

《电力市场报告 2020》预计,随着全球经济复苏,2021 年全球电力需求将增长 3% (约 7000 亿千瓦时),低于预期 5.2% 的增长率。其中,欧洲和美国反弹趋势平缓,美国预计仅增加 1%,主要的增长集中在中国。终端能源需求结构中,电能逐步取代化石能源,电气化水平提高成为终端能源结构变化的主要趋势。到 2032 年,全球售出汽车中近一半将是电动汽车;到 2050 年,电能占终端能源消费比重将超过 51%,比 2020 年的占比翻一番以上。

2021 年全球电力增长主要来源于风电和太阳能发电,2021 年装机容量有望再创新高,发电量占总发电量的比例将从 2020 年的 28% 增至 29%。水电总体保持平稳发展,预计 2030 年之前水电年发电量涨幅维持在 20% 左右,2040 年水电发电量占电力市场的份额有望达到 15%。

风电、太阳能发电等可再生能源的强间歇性推动了电力市场的实时交易和日内交易模式,跨区、跨境电力交易优势将会在未来五年保持 50% 的增速,将促进各国建立更加规范的市场机制。

3.1.1.3 典型国家电力发展特征

2020 年,典型国家电力发展特性具体如下。

（1）美国。2020 年，因电力需求减少以及可再生能源发电量的增加，化石能源发电量占比同比下降 60.2%，风电和太阳能发电量分别增长 14.4% 和 24.8%，水电和核电发电量同比降低 0.2% 和 2%，煤电同比降低 24%。相较于煤炭，天然气由于价格相对低廉、电力行业的投资青睐，2020 年前 8 个月天然气发电量增长量为 500 万千瓦，而煤炭发电量降低了 580 万千瓦。

（2）英国。2020 年，受新型冠状病毒的影响，工业领域电力需求降低 17%，商业与其他领域需求降低 20%。可再生电力占比在第二季度升至 47%，达到历史最高水平。化石能源发电量降低，天然气发电量减少尤为明显，核电发电量降低 10%，燃煤发电量仅占全国发电总量的 0.5%，创历史新低。

（3）德国。2020 年，电力需求下降 5%，与欧洲大多数国家电力需求下降比例持平，工业用电量下滑近 50%，在三大产业用电需求中下降最为明显。可再生能源发电量持续增加，海上风力发电量成为德国最大的电力来源，并首次超过了燃煤发电量；核电发电量下降 15%，但由于可再生能源发电量的快速增长，非化石能源发电量（核电与可再生电力）总量占总发电量比例达到 56%，实现小幅增长。2020 年，德国通过立法要求 2038 年实现煤炭全部退出电力市场，该目标有望在 2035 年提前实现。

（4）印度。2020 年，电力需求下降 2%。传统化石燃料发电仍然占据主导地位，其中燃煤发电装机达到 2.05 亿千瓦，占比 55%；燃气发电装机 0.25 亿千瓦，占比 7%。可再生能源发电包括小型水电站、生物质能发电、固废发电、光伏发电及风电，是印度第二大电力来源，总装机达到 0.88 亿千瓦，占比 24%。大型水力发电是印度第三大电力，装机容量为 0.45 亿千瓦，占比 12%。印度电力系统不断进行清洁转型，2022 年可再生能源装机容量将达到 1.75 亿千瓦，到 2030 年增长到 4.5 亿千瓦。

（5）中国。2020 年，中国是全球唯一电力需求增长的国家；可再生电力生产增长约 7%，传统电力生产占比持续下降，批发电力市场价格呈直线下降。

（6）其他国家（地区）。中美洲和南美洲电力需求下降 4%，俄罗斯下降约3%，非洲地区下降2%，但中东未出现明显下降。

3.1.2　可再生能源发展情况

3.1.2.1　可再生能源新增装机情况

根据国际能源署和国际可再生能源署最新统计，2020年全球新增可再生能源装机容量2.00亿千瓦。其中，太阳能新增1.07亿千瓦、风电新增0.65亿千瓦、水电新增0.2亿千瓦、其他可再生能源新增0.08亿千瓦。电力需求下降和可再生能源供应增加两个因素叠加，持续加大了对煤炭、天然气和核能的挤压。从增速看，2020年全球可再生能源装机容量增速下降了11%。其中，太阳能下降了17%，风电下降了8%。相比之下，中国得益于大型水电开发项目的推动，水电装机容量呈现出加速增长的趋势。

3.1.2.2　可再生能源发展趋势

2021年3月国际可再生能源署指出，2020年可再生能源消费比重已达22.5%，为实现联合国2030年可持续发展议程1.5℃的温控目标，2050年可再生能源消费比重需要超过86%。其中，风、光新能源的消费比重高达63%，风电和太阳能发电装机容量需分别增至60亿千瓦和80亿千瓦。根据国际能源署预测，到2024年全球风电和光伏装机容量将首次超过煤电；到2025年，风电和太阳能发电装机容量将比2020年翻一番。

截至2021年年底，太阳能发电量将首次超过风能发电量，位居第二；太阳能和风电新能源的发电量仅次于水电发电量。2030年，风能、太阳能、海洋能等可变可再生能源（Variable Renewable Energy，VRE）发电量占总发电量比例将增至36%；到2040年这一比例将增至50%。2050年，大量投资介入灵活性能源，将使可变可再生能源市场份额进一步增至62%。因此，世界能源低碳化进程进一步加快，清洁可再生能源成为世界能源发展的主要方向。

3.1.3　未来全球电力系统面临的挑战

3.1.3.1　电力系统安全稳定运行压力增大

安全是新一代电力系统的基础要求。当前全球间歇性、波动性新能源发电接入电网规模快速扩大，分布式电源接入电网增加了配电网的复杂程度，网络规模、结构复杂程度和数据信息量日益提升。新能源通过逆变器并网，电力电子化程度高，极大地改变了传统电力系统的运行规律和特性，增加了系统失稳风险。新一代电力系统必须在理论分析、控制方法、调节手段等方面创新发展，应对日益加大的各类风险和挑战，保持高度的安全性，才能为能源安全和社会发展提供可靠保障。最新研究表明，若风机能够根据当前天气条件及系统运行工况主动调节有功输出，以向系统提供不同时间尺度备用容量的控制策略，则高比例新能源不会降低电力系统可靠性，但是仍无法满足电网中长期可靠性和稳定性的要求。

3.1.3.2 电力供需平衡难度增加

间歇性、波动性新能源发电接入电网规模快速扩大、分布式能源迅速发展，导致电力供需平衡难度日益增加。近年来，一些国家正在研究通过高新科技提高风、光发电出力的预测精度。例如，通过采用高精天气预测数值模型和统计方法，可提高风电预报的准确性；对于单个风电厂，提前 1～2 小时的天气预测成果，可将发电预测量绝对误差控制在 5%～7%，提前 1 天的天气预测成果可使发电预测量准确率提高 20%。与此同时，电力消费者与供应者的边界越来越模糊，供需转换应对电能过剩时，多余电量通过计量网返回电网，电力消费者变成电力生产者，由此带来的前所未有的互动需求。这种互动需求对电网海量节点毫秒级响应控制提出了更高要求。

3.1.3.3 电网规划更具挑战

随着间歇式新能源在电力系统中的占比不断提高，电网实时平衡难度不断提升，输电系统规划将面临如下挑战：一是高比例随机性、间歇性能源并网，电网线路中潮流大小及方向变化频繁。因此进行电网规划时需要考虑能源随机性对电网规划决策方案的影响，提高电网鲁棒性。二是主网源荷分布高度不平衡，远距离输电需求量增大，输电设备的电力电子化程度高，输电网呈现交直流混联的形态。电网规划需要考虑交直流线路协调的问题。

三是电网规划要考虑小型清洁能源发电装置、储能及电动车以分布式能源形式接入的情况，需求侧响应措施的实施，以及源、荷两端的强不确定性，此外还要兼顾各种分布式能源的并网运行特性、出力随机性、配电网的安全性。

3.1.3.4　电力备用容量需求增加

在传统电网中，电力备用容量旨在应对电厂突发故障（事故备用）和需求随机变化（负荷备用）。在新型电网运行中，当风电和太阳能发电出力意外减少，如云层遮挡或风速降低时，单个光伏板或风力涡轮机输出可在几秒钟内发生显著变化，对电网稳定性的冲击较大，因此，新型电网对备用容量需求较大。此外，现阶段电力系统源、网、荷的设备类型均呈现多而杂的特点，提高了电气设备的检修难度，也增加了电力系统对事故备用容量的需求。未来电网通过自动化改造，可满足备用容量所需，包括：超自动化策略，即未来电网需要允许数以百万计的边缘智能设备，如快速响应逆变器，将人工智能融入边缘计算，实时智能协调电网；加快电力电子、通信、计算和控制技术研发，以确保对电网的支持；通过高压直流输电或可控互连，建立弹性"电气岛群"。

3.1.3.5　技术和机制创新更加迫切

美国国家学院指出，随着电网规模扩大和功能延伸，面对不断变化的全球供应链和颠覆性技术的涌入，创新优势尤为重要。重点突破大数据、云计算、人工智能、5G通信等先进信息技术，提升电力系统的全面感知能力，升级智慧化调控运行体系，促进电力系统逐步由自动化向数字化、智能化演进。推进储能、氢能、能源互联网、电动汽车充电桩等领域创新，进一步优化能源资源配置能力和系统灵活调节能力。

为了保证电网在消纳高比例可再生能源中维持稳定，电网预期对火电厂汽轮机等增量资产重新定价，从而增加了电力市场价格的波动性，因此需要创新价格机制和商业模式，推动实现源网荷储多向灵活互动，释放海量用电和发电终端的灵活性。

3.2 高比例新能源电力系统的灵活性

3.2.1 高比例新能源电力系统灵活性要求

电力系统灵活性概念最近几年才被正式提出，已得到 IEA 和北美电力可靠性委员会（North American Electric Reliability Corporation，NERC）等国际组织的认可，即在满足一定经济性和可靠性前提下，电力系统应对波动电源和负荷不确定性双重叠加的能力。

电力系统的安全、可靠、灵活、经济 4 个基本特性中，灵活性一直难于量化。因为电力系统灵活性具有方向性、概率性、多时空尺度特性、状态相依性和双向转化特征。

2019 年 3 月，IEA 国际智能电网行动网络（International Smart Grid Action Network，ISGAN）指出，灵活性资源包括所有能够应对波动性与不确定性的调节手段，可来源于电源侧灵活性、储能端活性、电网侧灵活性、需求侧灵活性供给，电力系统灵活性平衡的关键在于上述 4 类灵活性关键要素。

电源侧灵活性是机组出力在应对负荷变化时的灵活调节能力，主要来源于常规水电、火电、燃气发电；储能通过对电能供需时间上的平移提供灵活性，主要来自抽水蓄能、电池、压缩空气等储能设施；电网利用空间分布特性实现灵活性需求平移，是物理层面的支持平台；需求则是利用价格杠杆调节供需关系，降低灵活性需求或增加灵活性供给，是运营管理层面的灵活性。各灵活性所需调节能力的时间范围和空间范围如图 3.1 所示。

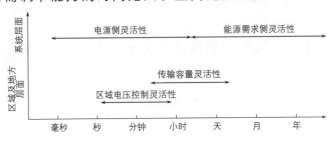

图 3.1 电力系统不同时间尺度的灵活性需求

抽水蓄能将负荷低谷期多余的电能转变为高峰期高价值的电量，不仅适用于调频、调相、稳定电力系统，还可作为事故备用，是现阶段电力系统主要的灵活性资源。

3.2.2　电力系统灵活性改造及成本

2019 年 10 月，国际能源署指出，电力系统灵活性改造要求包括：

（1）从毫秒到秒时间尺度的灵活性改造要求。可变可再生能源短期动态影响主要体现在惯性响应、频率、电压 3 个方面，通过提供更快的功率和频率可实现电力系统灵活性。

（2）从秒到分钟时间尺度的灵活性改造。控制短期频率，关键技术是利用更大的有功功率储备平衡有源电源之间的需求频率响应（初级、次级）（一次、二次）。

（3）从分钟到小时时间尺度的灵活性改造。面对供需平衡间的波动，利用系统运行为实时电能市场提供合适的有功功率、爬坡能力，从而控制电力消费平衡。

（4）从小时到天时间尺度的灵活性改造。大量可变可再生能源并网将影响预定发电计划，且增加可调度机组的循环启停次数会减少灵活电源的可用性。现阶段的解决方案是提前制定小时负荷和日负荷计划。

（5）从天到月时间尺度的灵活性改造。由于时间跨度较大，电力市场需要合理的发展策略控制长期亏损和盈利，并保证系统拥有充足的备用负荷容量。

（6）从月到年时间尺度的灵活性改造。现阶段利用常规水电和热电的长期协调，以及电力系统的合理规划，解决季节尺度和年尺度电力系统的不确定性。

随着可变可再生能源并网比例逐渐提升，供给侧灵活性电源配置将发挥越来越重要的作用，提高电源品种和地域多样性，可以充分发挥供给侧灵活性调节电源的优势。与传统电源品种组合相比，以常规水电为主，风、光新能源为辅的组合成本更低，可以提供更大的灵活性。如图 3.2 所示，在中/高比例新能源电力系统灵活性资源中，供给侧水电灵活性改造是成本最低的方式。为此，欧盟立项欧洲水电灵活性改造项目（Hydropower Extending Power System Flexibility project，简称 XFLEX HYDRO 项目），旨在利用水电站提高欧洲电力系统的灵活性，提升水电站性能，提高水电发电设备运行效率。

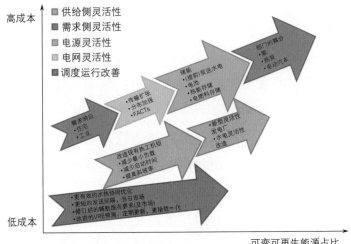

图 3.2 可变可再生能源作为主导电源对供给侧、需求侧、
电网和调度运行的需求及成本变化

3.3 水电灵活性改造挖掘新能源消纳增量

3.3.1 常规水电灵活性改造的重要性、影响因素及制约条件

3.3.1.1 水电对电力系统灵活性贡献

按照集中落差方式，常规水电可分为蓄水式水电站和径流式水电站。现阶段，蓄水式水电站和生物能源是灵活性最高的电源。在加利福尼亚州（以下简称加州）CAISO 电力市场中，尽管水电仅占总装机容量的 15%，但水电在调节储备需求中占比达 25%，在旋转备用容量需求中占比高达 60%。

澳大利亚、巴西等国已经利用蓄水式水电站提升电力系统灵活性，欧洲电力市场中凸显水电在黑启动和电量平衡中的重大作用。澳大利亚强调水电深度调峰、启停调峰和储备电源灵活性作用；巴西电力市场正在尝试通过提升水电灵活性，促进新能源消纳。为提升欧洲 2040 年风、光新能源占比，欧盟启动了 XFLEX HYDRO 项目，实施常规水电灵活性改造。

2020 年 6 月，IEA 组织召开了"水电灵活性促进可再生能源消纳"学术研讨会，提出针对不同时间尺度水电均可为电网提供灵活性服务，总体情况如表 3.1 所示。澳大利亚、巴西和瑞士等国以及美国加州水电灵活性对电网稳定的贡献程度存在差异（见表 3.1）。

表 3.1　　　　全球水电对电力系统灵活性的贡献

类　型		短　期			中　期	长　期	
《水电灵活性促进可再生能源消纳白皮书》	时间	毫秒	秒	分钟	小时	天	年
	事件	确保系统稳定性	短期调频	维持供需平衡	提前小时或日确定调度计划	长期可变可再生能源过剩或不足	季节或年内可变可再生能源有效性
	电力系统操作内容	动态稳定性	初级和二次频率响应	平衡实时电力市场	提前一天及当日电力供需平衡	充足性规划	水电-热电协调、充足性和电力系统规划
特定区域水电灵活性状况	澳大利亚	是	是	是	是	是	是
	美国加州	是	是	是	是	是	是
	巴西	是	是	是	否	是	是
	瑞士	有限	是	是	是	是	是

根据《"水电灵活性促进可再生能源消纳"2020 年学术研讨会会议资料汇编》，塔斯马尼亚（Tasmania）水电公司介绍，过去 10～15 年间澳大利亚对水电灵活性关注较少；近期由于电力市场价格走向导致水电灵活性对电网贡献的关注度日益增多。水电在控制价格波动、调频、增加电力系统稳定性、巩固备用容量等方面的作用越来越突出（见表 3.2）。巴西国家电力公司也强调水电对系统长期灵活性的贡献（见表 3.3）。

表 3.2　　不同时间尺度下澳大利亚水电对电力

系统灵活性的贡献及趋势

类型	短　期			中期	长期
时间尺度	毫秒	秒	分	小时	天-年
容量	未知	低：100~200 兆瓦 高：200~400 兆瓦	195.7 亿千瓦时	零	481 亿千瓦时
趋势	强制执行价格响应；2025 年完成市场再设计	提高可变可再生能源的渗透	向 5 分钟解决过度；运行储备	考虑 2025 年市场再设计下的日电力供需平衡	考虑 2025 年市场再设计下的容量平衡机制

表 3.3　　不同时间尺度下巴西水电对电力系统灵活性的贡献

类型	短　期			中期	长期
时间尺度	毫秒	秒	分	小时	天-年
灵活性服务和产品	无功支持/电压控制特殊保护系统	初级频率控制次级频率控制	黑启动	补充调度以保持备转容量需求响应-试点计划	多样化电力购买协议
水电是否参与	是	是	是	否	是

此外，随着化石燃料的逐步淘汰，常规水电灵活性的优势日益凸显。其他灵活性资源，如电动汽车需求侧响应能满足电网灵活性要求，但其存在负荷难以预测的问题。相对于化学蓄电池，常规水电在提供灵活性服务时还具有成本优势（见图 3.2）。

3.3.1.2　常规水电灵活性影响因素

常规水电不仅可作为基荷电源，还能作为灵活性调节电源，有效提升电力系统的灵活性；通过动态调整发电计划，可进一步提高电网调度灵活性。

常规水电灵活性与水库库容、入库流量、环境限制因素、装机容量、水电机组物理属性、机组运行方式以及在部分负荷下的运行方式有关。此外，工程技术和运行方式对常规水电站灵活性也很重要，例如闸门、隧道、管道和引水管道的大小、运行和配置，启停时间，涡轮机出力曲线斜率，接入电网和电网连接强度等。

此外，常规水电灵活性与所处地理位置、区域电网、电力系统规模、需求侧灵活性、可变可再生能源发电站地理位置有关。例如，蓄水式水电站灵活性受水文、地质条件的影响，随季节、水文年（丰水期、平水期和枯水期）的变化而变化。

抽水蓄能和调峰水电占美国水电总装机容量的40％以上，这类水电的灵活性调节能力最高；径流式水电站装机容量占比为18％，由于无法蓄水，其难以提供调节能力。

3.3.1.3　常规水电灵活性改造关键技术难题

常规水电在为电力系统提供灵活性时还存在以下技术难题：一是常规水电站操作状态和限制因素的识别、不确定性测量及建模量化；二是信息交换需求日益增加需要实时监测，并实时控制水电机组状态，如快速向可调度机组发送新的调度指令；三是电力电子化的发电系统不断取代旋转机组，水电需要采用更多电力电子器件（如晶闸管等），才能实现变换和控制电能。

3.3.2　常规水电灵活性改造方案

水电灵活性改造是在适宜的时间提供适当的容量，建立投资市场优化机制，确保水电在适当的规模和时间下能为电力系统提供足够的灵活性。

现阶段，在无须新建水库的前提下，已建水库改造包括三种方案：

第一种改造方案是通过安装水泵水轮机或可逆式水泵水轮机，将水电站重新设计为包括抽水蓄能设施的水泵水轮机（蓄水式水电站排放到另一个水库或湖）。

第二种改造方案是增加现有电厂的涡轮机容量。但是上述两种方式均需新增土建工程、新购置机械设备和改造与电网连接设施，不会增加对生态环境的影响。通过安装水泵，蓄水水库中水电增加的容量可参与到电力系统短期至中期尺度的灵活性调节，但需要对水电站的选址布局、有效库容和监管许可证等重新进行评价。

第三种改造方案正在尝试过程中，区别于前两种方案，通过安装在线监测设备，对水力发电站进行智能化改造，智能化水电站通过对水电站各操控系统升级来提高效率和可控性，允许水电拥有更大运行范围，并向电网提供更快辅助服务的能力。

蓄水式水电站灵活性改造内容包括：①增加运行维护；②增加电厂部件状态监视及提高监测频率；③进行现代化和数字化的改进；④创新改造机组部件和系统设计。针对水电机组的机械磨损问题，国际上最新提出混合动力电池系统与现有的水电站组合。其原理是基于电池在短时间内提供的快速频率响应和水电机组进行长期电网调节，使用电池的电子设备进行频率控制，可减轻水电机组的机械磨损。

3.3.3　常规水电改造关键技术

常规水电站改造技术主要包括：

(1) 定速单位的改造。

(2) 双馈感应电机变速技术（DFIM）和全尺寸变频器（FS-FC）技术，目的是扩展电网运行范围并增加电网灵活性，提高水电站效率和使用年限，通过抽水和发电功率调节的液压回路（HSC）模式下运行 DFIM 来提高功率调节范围。

(3) 智能电厂管理系统（SPPS）。采用电厂运行状况监控数据减少维护需求和电厂停机时间；增加灵活操作，尽最大可能减轻设备压力，并提高生产效率；旨在无须安装重要监控硬件，提高水电站可控性。

(4) 抽水和发电功率调节的液压回路（HSC）。通过抽水和发电方式的串联运行，确保水电站在抽水时产生动力，可在额定功率下同时泵送和控制涡轮机发电，改变电厂能耗。HSC 还可增强抽水蓄能电站提供的功率调节服务和工作范围。

(5) 混合动力电池（HBH）。通过安装化学储能电池，构建水电站混合电池储能系统（BESS）。径流式水电站运行时，通过混合电池存储系统，为电网提供扩展灵活性和快速响应服务。

3.3.4　水电灵活性改造效果评价

高比例可再生能源接入电力系统后，灵活性成为系统运行特性的核心和关键，其定量评价成为热点。欧洲已开始水电灵活性改造，并对水电灵活性改造后的效果进行了评价。

水电站灵活性改造效果评价

欧盟资助的欧洲水电灵活性改造项目对欧盟 3 个抽水蓄能电站、1 个径流式电站、2 个蓄水式电站灵活性改造效果开展评价。评价方法是矩阵法，包括辅助服务矩阵（ASM）和关键绩效性能评价指标 KPI 矩阵。

辅助服务矩阵包括同步惯性、综合惯性、快速频率响应、频率限制储备、自动频率恢复储备、手动频率恢复储备、替换储备、电压/无功功率控制和黑启动 9 项辅助服务。通过现场研究测试、小规模电气响应动态模拟测试和数字模型，获取数据资料，完成效果评价工作。

关键绩效性能评价指标矩阵包括运行范围扩大、更大范围和/或更快的频率限制储备（FCR）与频率恢复储备（FRR）、电压/无功控制扩大、快速启停加速和快速涡轮-泵/泵-涡轮转换、延长电站使用年限、优化维护间隔 6 项指标。

截至 2021 年年初，辅助服务矩阵已完成，关键绩效性能评价指标正在进一步开发中。

3.4　抽水蓄能电站促进新能源并网消纳

在现代电力系统中，抽水蓄能电站主要有三重功能：一是为电网运行提供调峰、调频、备用、黑启动、需求灵活性响应支撑等多种服务，提高电力系统灵活性和安全可靠性；二是通过套利等形式改善电力系统的负荷特性，提高电力系统的利用率和经济性；三是通过调峰（负荷平衡）和调频等提高电力系统消纳风电和光电的能力，促进低碳发展。

抽水蓄能水电站上库和下库库容、设备类型、机组数量、水轮机和水泵抽水能力决定其灵活性，对这些设备进行改造，可提高抽水蓄能电站的灵活性调节能力。

虽然抽水蓄能电站灵活性高，但新型电力系统要求现有抽水蓄能电站进一步降低运行成本。与此同时，抽水蓄能电站提供的电网辅助服务，并未从电力市场中获取足额电价补偿，严重制约了抽水蓄能电站的发展，此外，灵活性改造投资、审批程序、建设和调试过程较长（通常是 7～10 年或更长时间），也是抽水蓄能电站灵活性改造过程中面临的主要问题。

3.5 水光互补清洁能源基地联合调度挖掘新能源就地消纳

韩国、美国、巴西等国尝试在蓄水式水电站水库安装水上漂浮式光伏，多年运行数据证明，水电站-水库漂浮式光伏混合发电系统具有发电互补优势。水电可在一定范围内减缓光伏发电量急剧变化的问题，减缓效果取决于合理设计光伏电站的装机规模。反之，光伏发电可补偿水电发电不足问题。气候变化和极端干旱条件下均可减少水电站发电量，减少的发电量可由一定装机规模光伏发电量补偿，以满足高峰用电需求。因此，水光互补清洁能源基地联合调度可助力新能源就地消纳。

美国国家可再生能源实验室（NREL）将水上漂浮式光伏列为"快速崛起的新兴技术"。2020 年，美国能源局发布的《全球水光互补清洁能源基地技术优势评价》指出，在已建蓄水式水电站水面增设漂浮式光伏，可降低光伏发电成本；全球 38 万个已建水电站库区若与漂浮式光伏电站结合，建成水光互补能源基地，每年发电量可达 10.6 万亿千瓦时；未来，研究重点将聚焦于水光互补清洁能源基地的建设成本，并优化水电和光伏电站装机容量比例。

中国龙羊峡水电站与周边光伏发电打捆外送，利用水轮发电机组快速调节能力调节光伏电站有功出力，平滑发电曲线，将不稳定的光伏出力调整为均衡、优质、安全的稳定电源，为光伏机组提供运行储备，向电网输送更稳定的电力。国内报道显示，龙羊峡水光互补项目的光伏电站一年发电量达 14.94 亿千瓦时，相当于龙羊峡水电站年发电量的 1/4。由于水电站的调峰调频性能，因光伏电站互补作用，水电发电量提高约 30%。

学术界针对已运行多年的水上漂浮式光伏电站，开展了效率提高、发电量提高、经济效益增加等方面的定量监测和研究。

与陆上光伏相比，水面光伏发电效率约提高 10%～12.5%。文献［17］分析了位于日本爱之湖（Aichi Lake）、已运行 5 年的漂浮式光伏，结果表明由于光伏电池板受水库降温影响，光伏电池板损耗系数降低 7.4%～17%，发电效率提高。文献［18］对比位于巴西半干旱地的水面光伏和附近陆上光伏发电效率，发现水面光伏发电效率较陆上光伏提高约 12.5%。2017 年，葡萄牙建成本国首座装机容量 220 千瓦漂浮式光伏试点项目，由 840 片漂浮式太阳能板组成，约覆盖水库面积的 0.01%，每年可发电 33.2 万千瓦时；监测数据表明，与陆上光伏发电相比，水上光伏的发电效率提高了 10%。

水光互补提升清洁能源基地综合发电量。意大利布瓦诺（Bubano）水光互补清洁能源基地监测数据表明：由于漂浮式光伏板对水体显著冷却作用，有效减少了水库蒸发量，进而提高了 25% 的水电发电量。文献［19］在巴西 6 个蓄水式水电站的水库区域建设水上漂浮式光伏，通过水光互补基地输出电量增加 51.2%～105.6%（见图 3.3）。

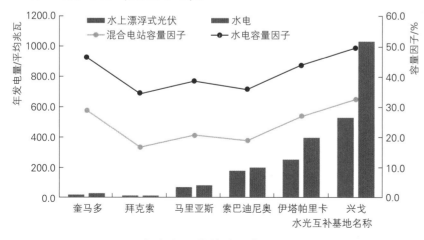

图 3.3　巴西 6 个水光互补基地水电与光伏年发电量对比

经济收益增加方面。文献［20］比较了水面光伏电站与周边运行7个月的陆上光伏收益，结果表明单位装机水面光伏发电收益增加7.6%。

国际社会致力于水面光伏技术研发。Ciel & Terre 法国公司总部设计了漂浮式光伏电池（Hydrelio），运用环保材料，安装后减少水分蒸发，延缓藻类生长，且能通过减少水库内部的波浪，减少水库对光伏板的侵蚀。Ciel & Terre 公司预估，如果全球前50大水库水面的10%安装漂浮式太阳能装置，每年可增加4亿千瓦时的发电量。北美装机规模最大的水上漂浮式光伏是由 Ciel & Terre 美国分公司于2019年建成。

综上，水上漂浮式光伏的优势在于通过降温，减小水面蒸发和抑制藻类生长，提高混合电站的发电效率，增加发电量，提高经济收益。近年来，国际社会已形成普遍共识，水光互补清洁能源基地开发潜力巨大，通过联合调度挖掘新能源消纳，已成为各国重点发展领域。

3.6 常规水电输送能力提升助力新能源消纳案例

3.6.1 美国东北部地区与加拿大水电输送情况

美国东北部地区的马萨诸塞州、纽约州和缅因州最新相继出台法案，申明要在2050年前实现100%清洁电力，风、光新能源有效消纳已成为美国东北部地区最亟须解决的问题。2020年2月，美国麻省理工学院能源与环境政策研究中心研究美国东北部各州/地区电力行业出台深度脱碳政策，零碳排放的核心是提升风、光新能源的有效消纳。目前，助力新能源消纳的方案包括提高需求侧灵活性、远距离输电、提升电气化水平、增加新型储能、可再生能源基地建设等。

根据可再生能源配额制（RPS）政策的成功经验，更偏好于从别国进口水电，而非在国内新建水电。例如，2016 年，马萨诸塞州通过了《促进能源多样性法案》，将加拿大水电作为可再生能源的合格供货商，加拿大魁北克省水电和马萨诸塞州电力公司成功签订了电力购买协议。美国东北部脱碳的最佳选择仍是从邻国加拿大魁北克省进口水电。

3.6.2　运用 GenX 模型模拟跨区域电力平衡

2017 年，美国麻省理工学院创建了一个源网荷储的电力系统容量扩大与协同调度的 GenX 模型，运用 GenX 模型模拟加拿大魁北克省–美国纽约州–美国新英格兰地区之间跨区域电力平衡。该模型以火电和蓄水式水电站运行作为约束条件（尚未考虑调频、运行储备等电力运行条件的约束），以满足任意选定时间段内的电力需求为目标，其关注投资最小、成本最低、储能要求最低、需求响应最高，以小时为分辨率，可实现全年 8760 小时电力供应的技术组合以及电网运营决策模拟。

模型模拟过程包括：第一，创建一个由新英格兰地区、纽约州和魁北克省 3 个区域组成的输电网络。每个区域均视为一个整体，忽略区域内部的电力传输或分配，关注美国新英格兰地区和纽约州与加拿大魁北克省之间的电力传输，不考虑新英格兰地区和纽约州之间现有的电力传输。第二，为模型设置初始条件、边界条件和模型参数。一般而言，低碳电网中输电线路可以通过实施双向潮流扩展达到经济效益最优。因此，当美国东北地区零边际成本的可再生能源发电量较高时，魁北克省通过进口能源，减少本国水电发电量，蓄水水库水位上升；反之当美国东北地区可再生能源稀缺导致电力边际成本上升时，魁北克省出口水电，蓄水水库水位降低。

目前，魁北克省到新英格兰地区输电线路最大输电能力为222.5 万千瓦，反向最大输电能力为 217 万千瓦；魁北克省至纽约州输电线路最大输电能力为 200 万千瓦，反向最大输电能力为110 万千瓦。为简化模型，假设双向潮流限值相同，即魁北克省与新英格兰地区之间输电能力取值 222.5 万千瓦，魁北克省与纽约州之间输电能力取值 200 万千瓦。

基于美国能源信息管理局现有装机容量数据及电站预期使用年限，预测现有发电设备 2050 年的有效装机容量，3 个地区现有发电设备装机容量估测结果见表 3.4。新英格兰地区和纽约州风、光新能源现有装机容量较小，但预期增长较大。

根据魁北克省水电企业数据，魁北克省蓄水式水电站现有装机容量为 3665.3 万千瓦，假设水电站使用年限为 100 年，到 2050 年现有装机容量中 121 万千瓦水电站将达到使用年限，计算过程中需扣除这部分装机容量；丘吉尔瀑布水电站装机容量 542.8 万千瓦，在建罗曼 4 级（Romaine－4）水电站装机容量 24.5 万千瓦，这些装机容量纳入预测。经模型模拟，2050 年魁北克省蓄水式水电装机容量将达到 4110.8 万千瓦（见表 3.4）。

表 3.4　　　　　　2050 年各种电源装机容量估测　　　单位：万千瓦

电源类型	新英格兰地区	纽约州	魁北克省
径流式水电	85.3	393.9	—
抽水蓄能	176.8	140.7	—
联合循环燃气轮机	962.8	470.2	—
开放循环燃气轮机	74.6	130.4	—
核电	350	200.0	—
蓄水式水电			4110.8

魁北克省现有水电出口输送能力分别为 222.5 万千瓦（至新英格兰地区）和 200 万千瓦（至纽约州）。新英格兰地区和纽约州分别设置 4 个脱碳目标，即 80%、90%、99% 和 100% 的脱碳水平，运用 GenX 模型模拟，分别针对输电能力不变和采取工程措施提升输电两种情景，尝试通过电源-负荷协同优化实现上述 4 个脱碳目标（见表 3.5）。

方案 1：假定魁北克省与新英格兰地区和纽约州的输电能力均为当前水平，通过电源-负荷协同调度优化，可实现新英格兰地区 4 个脱碳目标和纽约州 90% 的脱碳目标。

方案 2：假定魁北克省与纽约州输电能力为当前水平，采用工程措施将魁北克省与新英格兰地区之间的输电能力提升至 622.5

万千瓦，通过电源-负荷协同调度优化，可实现新英格兰地区 4 种脱碳目标和纽约州 90% 的脱碳目标。

方案 3：假定魁北克省与新英格兰地区和纽约州之间的输电能力为当前水平，通过电源-负荷协同调度优化，可实现新英格兰地区 90% 的脱碳目标和纽约州 4 种脱碳目标（80%、90%、99% 和 100%）。

方案 4：假定魁北克省与新英格兰地区之间的电力传输能力为当前水平，与纽约州的输电能力提升至 600 万千瓦，通过电源-负荷协同调度优化，可实现新英格兰地区 90% 的脱碳目标和纽约州 4 个脱碳目标。

表 3.5　　　　　　　2050 年已有发电设备装机容量估测

水电进口地区	魁北克省电力送出能力/万千瓦			脱碳目标/%							
	输电能力	新英格兰地区	纽约州	新英格兰地区				纽约州			
新英格兰地区	当前水平	222.5	200	80	90	99	100	90			
	提升后水平	622.5	200	80	90	99	100	90			
纽约州	当前水平	222.5	200	90				80	90	99	100
	提升后水平	222.5	600	90				80	90	99	100

3.6.3　水电输送能力提升助力新能源消纳增量

魁北克省的案例表明，在未增加新投资、保持现有电力输送能力和蓄水式水电站发电量条件下，通过优化现有蓄水式水电站日尺度（见图 3.4、图 3.5）、月尺度运行方式（图 3.6、图 3.7），可实现电源-负荷协同调度，提高新英格兰地区和纽约州电网调峰能力和新能源并网能力。

3.6.3.1　魁北克省水电日尺度运行优化助力美国东北部实现脱碳目标

魁北克省至新英格兰地区输电能力提升后（图 3.4），新英格兰地区在 80%～99% 的脱碳目标下，魁北克省蓄水式水电站容量因子（即装机容量利用率）在日内 00：00—15：00 时段降低，15：00—24：00增加；在100%的完全脱碳目标下，容量因子在日内00：00—04：00时段增加，04：00—16：30降低，且降低幅度显著高于80%～99%的脱碳目标。

魁北克省至纽约州输电能力提升后（图3.5），纽约州在80%～99%的脱碳目标下，魁北克省蓄水式水电站容量因子在日内00：00—15：00时段降低，15：00—24：00增加；在100%的脱碳目标下，容量因子在日内00：00—05：00时段增加，05：00—18：00降低，且降低幅度显著高于80%～99%的脱碳目标，18：00—24：00增加。

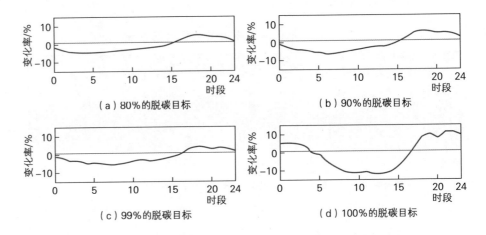

图3.4　4种脱碳目标下新英格兰地区输电能力提升后魁北克省
蓄水式水电站容量因子的日内变化预测结果（2050年）

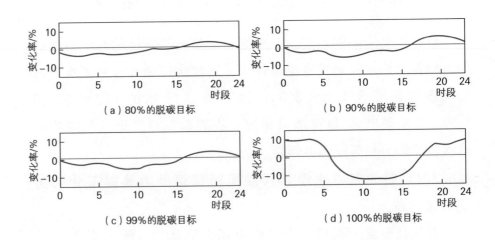

图3.5　4种脱碳目标下纽约州输电能力提升后魁北克省蓄水式
水电站容量因子的日内变化预测结果（2050年）

3.6.3.2　不同脱碳目标下魁北克省水电月尺度运行方式优化

通过优化现有蓄水式水电站月尺度运行方式（见图 3.6、图 3.7），可提升风、光新能源消纳，新英格兰地区和纽约州可实现不同的脱碳目标。

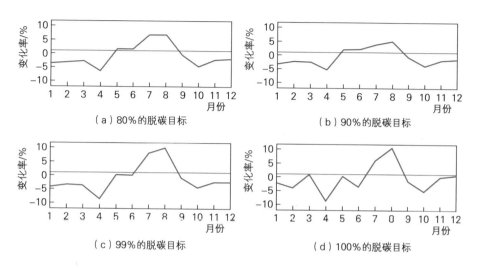

图 3.6　输电能力提升 400 万千瓦后，新英格兰地区在 4 种脱碳目标下对魁北克省蓄水式水电站容量因子月尺度运行调整需求（2050 年）

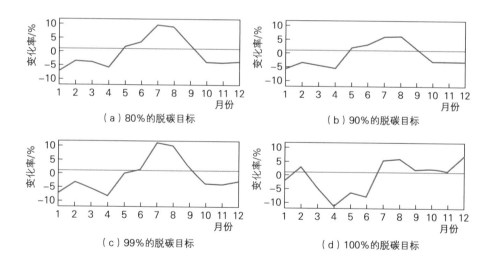

图 3.7　输电能力提升 400 万千瓦后，纽约州在 4 种脱碳目标下对魁北克省蓄水式水电站容量因子月尺度运行调整需求（2050 年）

输电容量提升后，新英格兰地区利用风电、光新能源实现不同脱碳目标，蓄水式水电站月尺度运行方式优化如下（见图3.6）：2—4 月期间，蓄水式水电站容量因子降低；5—6 月，蓄水式水电站容量因子变化较小；7 月、8 月蓄水式水电站容量因子提升，且99％和100％的脱碳目标的提升幅度更大；9—12月期间，容量因子降低。

输电能力提升后，纽约州利用风电、光新能源实现不同的脱碳目标，纽约州对魁北克省蓄水式水电站容量因子月尺度运行方式优化如图3.7所示，纽约州和新英格兰地区在80％～99％的脱碳目标下，对魁北克省水电容量因子优化模式相似；但两个地区在完全脱碳目标下，对魁北克省水电容量因子优化需求不同。

3.6.3.3 完全脱碳目标下电力系统对水电运行方式调整要求激增

如图3.4和图3.5所示，随着新英格兰地区和纽约州脱碳目标的增加，对魁北克省水电日内运行方式的调整幅度更大。相比80％～99％的脱碳目标，新英格兰地区和纽约州在完全脱碳目标下对魁北克省水电月尺度运行优化模式存在差异（见图3.6和图3.7）。因此，在不增加水电投资前提下，通过优化蓄水式水电站日尺度和月尺度运行方式，与现有纽约州和新英格兰地区新能源电站形成更具互补性的运营方式，促进实现脱碳目标，助力新能源消纳。

3.6.3.4 新型电力系统蓄水式水电站等效蓄能挖掘助力新能源消纳

蓄水式水电站水库等效蓄能可助力风、光新能源消纳，可将蓄水式水电站水库等效为虚拟抽水蓄能电站，利用水电站可调库容，将蓄水式水电站等效为一个虚拟的抽水储能电站，提高电网调峰错峰能力，实现新能源与常规水电机组的错峰接入，促进最大限度的新能源并网。

如图3.8所示，输电能力提升后，通过月尺度魁北克省蓄水式水电站水库等效蓄能优化，实现水电和风、光新能源的联合调度运行，助力新英格兰地区实现不同脱碳目标。输电能力提升后，春季新英格兰地区主要利用风、光新能源，从魁北克省进口的水电电量降低，蓄水式水电站水库等效蓄能增加了20亿～30亿千瓦时；夏季新英格兰地区和纽约州风、光新能源发电量降低，且魁北克省有汛期防洪要求，从魁北克省进口的水电电量增加，蓄水式水电站水库等效蓄能降低；秋季魁北克省蓄水式水电站水库等效蓄能下降 10 亿千瓦时；年底，由于新英格兰地区和纽约州风电发电量较大，魁北克省通过进口风电增加蓄水式水电站水库等效蓄能。

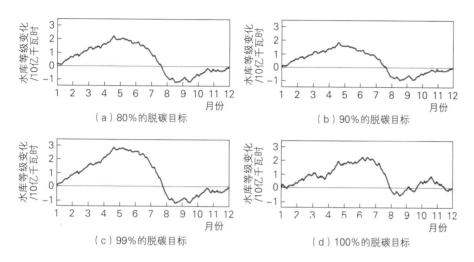

图 3.8　不同脱碳目标下魁北克省梯级水库等效蓄能的月际变化（2050 年）

3.6.4　输电能力提升的经济效应与脱碳目标显著相关

电力系统平均成本包括建设和运营发电设备（含储能、需求响应设备）、输电通道建设及非服务性成本。在扣除输电能力提升成本后，电力系统成本下降主要源于控制建设和运营发电设备的固定和可变成本。

未来电力双向交易是输电线路的最佳经济利用方式。与魁北克省至新英格兰地区单向交易方式相比，双向交易模式可实现新英格兰地区和魁北克省电力系统成本下降 5%～6%，相当于每万千瓦时节省 68.9～137.6 元的成本。

但是，输电能力降低经济成本与脱碳目标有关。对于 80%、90%、99% 和 100% 4 种脱碳目标，新英格兰地区和魁北克省间节约的电力系统平均输电成本分别为：每万千瓦时 1.4 元、2.1 元、210 元和 490 元。即在脱碳目标 90% 以下的情况，输电能力降低经济成本效果不显著，只有达到 90% 以上脱碳目标，输电成本降低的经济性才会凸显。

对于 80%、90%、99% 和 100% 的脱碳目标，纽约州和魁北克省间降低的电力系统评价输电成本分别为：34 元/万千瓦时、62 元/万千瓦时、206 元/万千瓦时和 550 元/万千瓦时（见图 3.9），相当于电力系统成本分别减少 3%、4%、13% 和 23%。

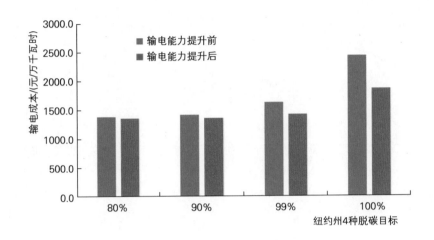

图 3.9　输电能力提升前后纽约州 4 种脱碳目标下
电力系统运营成本变化

因此，通过发挥水电在电力系统中的调峰调频等作用，在实现深度脱碳目标（99% 和 100%）条件下，电力系统成本可降低 1/4。

3.6.5　魁北克省水电成为美国虚拟储能和电力补充

（1）魁北克省蓄水式水电作为虚拟储能。近些年，输电通道主要用于由北向南方向的电力输送，即由魁北克省送至美国。魁北克省水电在电力系统中的主要作用为提供电力。GenX 模型模拟结果表明，未来低碳电网中实施双向潮流是经济上最优的方式，美国东北部各州通过使用魁北克省水电调节风、光新能源，在降低发电成本的同时，可实现电力系统深度脱碳。

当美国东北地区零边际成本的新能源发电量较高时，魁北克省进口电力，减少当地存量水电发电量，增加水库蓄水量；当美国东北地区新能源电力下降、边际发电成本上升时，魁北克省出口水电，减少水库蓄水量。

随着美国东北部各州脱碳目标的实施，魁北克省水电逐渐成为美国东北部地区电力系统的虚拟储能方式，而不仅仅是供电电源。双向电力贸易有助于美国东北部各州在多个时间尺度上平衡新能源的间歇性，减轻光伏发电和晚高峰电力需求间的日内不匹配，降低电力需求和风电间的跨日不匹配，以及夏季高电力需求与低风电输出间的季节性不匹配。

（2）输电能力提升可作为美国东北部新能源的补充。提升输电能力后，魁北克省水电将在美国东北地区低碳电力系统中发挥更大的平衡作用。若将魁北克省水电类比为美国东北部电力系统的蓄电池，则输电能力的提升可有效地提高蓄电池充放电的效率。

3.7　全球水电挖掘新能源消纳的定量分析

渗透率是指某能源发电量在总发电量中所占百分比。近些年，美国（以加州独立电网为例）、挪威、巴西、印度等 14 个国家，可变可再生能源渗透率为 0%～28%，水电渗透率为 4%～96%；美国加州独立电网，奥地利、土耳其、日本、澳大利亚电力市场中水电对促进新能源消纳发挥了重要作用；挪威、加拿大、巴西作为水电大国，利用水电灵活性促进新能源的开发潜力较大（见图 3.10）。

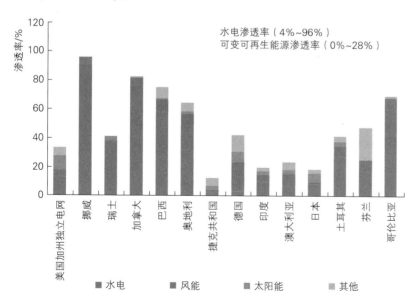

图 3.10　全球 14 个典型电力市场水电和新能源的渗透率比较
来源：《评价电力市场灵活性：水电现状与展望》

全球学者致力于水光最优渗透率配比模式研究。文献［21］以意大利东北部的奥里诺（Aurino）和波西纳（Posina）为研究区，基于连续小波分析和离散小波方法评价径流式水电站发电量和光伏发电量的互补性，分析不同时间尺度电量平衡约束下，径流式水电和光伏发电模式的最佳组合。研究结果表明：研究区水电和光伏发电在小时、日、周和年尺度上的互补性均较好，可满足电力电量平衡；不同时间尺度互补性综合评价表明，在满足电力系统最小波动前提下，光伏发电与水电渗透率之比的最佳组合比例是 0.25：0.45。

水光联合开发打捆外送的关键是水库调节能力、光伏发电特征、远距离输电成本。文献［24］表明，年利用小时数达到 4000 小时的季调节及以上水电站，搭配同等装机容量的光伏电站，可显著改善电力外送经济性；而对于年利用小时数在 6000 小时左右的日调节水电站，按照 1：0.3 的水光装机容量配比，打捆外送电力经济性较好。

水风光互补清洁能源基地建设面临的最关键、最紧迫的问题仍是确定各种清洁能源品种的最佳装机容量配比。文献［25］从水风光清洁能源并网角度，以中国黄河上游班多、羊曲梯级水电站为典型案例，基于风、光出力特性，以累积波动最小为调度目标，分析水电挖掘助力风、光新能源消纳，并分析了流域梯级水风光互补的最佳装机容量配置。结果表明，风、光联合出力的波动性随光伏装机占比的增加先减小后增加，风、光最佳装机容量配比为 0.26：0.74；采用梯级水电站联合调度促进风、光新能源消纳后，水电、风电、光电装机容量之比为 2.1：1.2：1。采用梯级水电联调促进新能源消纳过程中，对水电站日发电量和库区水位稳定均产生不利影响，水风光清洁能源基地最佳电源装机容量配比设置，需要综合考虑梯级水电站调节性能、水电站装机容量、运行模式，以及水电提供电网辅助服务等因素。

4

水电提供电网辅助服务的价值评估及建议

4.1 常规水电提供电网辅助服务的优势

4.1.1 辅助服务性能

常规水电提供电网辅助服务性能优势显著，技术优势体现在调节能力强、电源频率控制广、快速启停特性好、出力调整速率高、变速装置故障穿越能力强、成本低等方面，调节性能好的水电机组可实现全天跟踪服务。

具有年以上调节性能的水电机组承担辅助服务运行的成本较低，具有经济性。在成本方面，具有年调节和多年调节性能水电站成本低于火电厂、抽水蓄能电站和燃气电厂；在安全方面，水电站无火电厂高压蒸汽变化对系统管路产生附加冲击压力的安全问题，也无抽水蓄能机组正反向运行带来的机组疲劳安全问题。因此，常规水电适合提供电网辅助服务。

4.1.2 调节范围优势

常规水电不仅可为电力系统提供短期灵活性，具有季调节及以上调节能力的蓄水式水电站，受短期气象条件影响较小，可实现月尺度及以上的灵活性调节。针对风、光新能源在月尺度或更长时间尺度上波动性更大的问题，常规水电灵活性调节的尺度优势更显著（见图 4.1）。

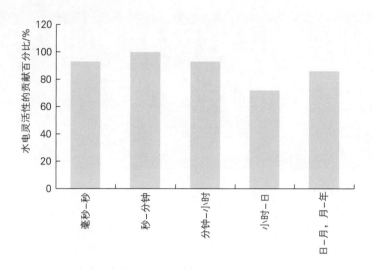

图 4.1　不同时间尺度下水电灵活性调节能力贡献百分比

4.1.3　备用容量优势

常规水电备用容量主要包括：负荷备用容量、事故备用容量和检修备用容量。与其他可再生能源相比，常规水电在提供容量备用灵活性方面具有显著优势。以美国得克萨斯州（以下简称"得州"）大停电为例，该地区能源供给主要依靠风电和太阳能发电。2021 年 2 月 14 日，强冷空气导致风力和太阳能发电受到限制，得州电网发生大范围停电事故，同时部分发电机组进行正常停机维修导致电力供应更加紧张。事后，得州电力可靠性委员会认为，电力系统备用容量短缺是导致这一事故的重要原因。

此次事故也暴露了美国电网存在的问题，凸显了备用容量的极端重要性。此外，美国部分地区电网互联程度较低，缺乏统一调度，一旦出现故障无法从大系统中获取电力调配；发电资源配置不均衡、备用容量不足（该地区水电占比较低，太阳能和风能发电占比较高，且近几年迅猛发展风电导致电力系统可靠性较差）等问题也是造成其大范围停电事故的原因之一。

针对电力系统不可预测的瞬时最大峰荷、机组设备事故以及检修等问题，常规水电可提供备用容量，大幅度提高电力系统的供电质量。美国 CAISO 电网的水电发电量仅占其总量的 10%，但水电对旋转备用（spinning reserves）和总调节备用（total regulation reserve）小时尺度的贡献率分别高达 60％和 25％（见图 4.2）。在 MISO 电网中，常规水电装机容量仅占总装机容量的 3％～5％，但每小时提供的旋转备用却占 15％～25％，甚至某些时段的贡献率可达 35％（见图 4.3）。

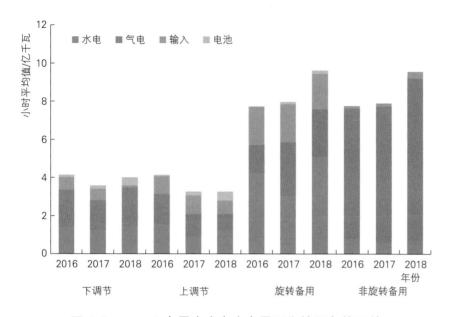

图 4.2   CAISO 电网中水电在电网可靠性服务的贡献

数据来源：CAISO 电网

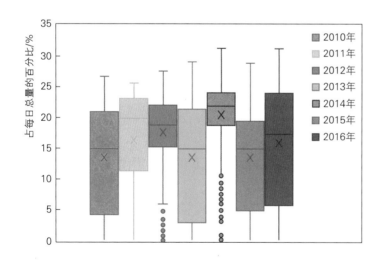

图 4.3   MISO 电网中水电提供旋转备用容量的百分比

数据来源：MISO 电网

4.1.4   黑启动优势

黑启动是确保电力系统灵活性的关键因素。与其他黑启动电源（即燃气机组、联合循环和化石燃料发电厂）相比，常规水电作为黑启动电源，具有启动速度快、最小电站出力需求低（通常为其额定容量的 0.5%～1%）、快速爬坡率、不受一次能源供应限制（除非受干旱天气的影响）等优势。例如，尽管美国水电发电量仅占全国总发电量的 7%，但在提供黑启动服务的机组中，约 40% 来源于水力涡轮机。

未来，在新能源发电量大幅增加的情况下，因传统热黑启动电源的衰落和退役，具有黑启动能力的火力发电技术可用性将非常有限。随着配电网的恢复启动和发展壮大，以水电为主的新型资源配置方式将发挥重要作用。

4.2 常规水电的电网辅助服务功能及影响因素

4.2.1 常规水电的电网辅助服务功能

常规水电提供电网辅助服务功能包括两类：一类是水电厂义务提供基本辅助服务，包括一次调频、基本调峰、基本无功调节等；另一类是水电站选择性的有偿辅助服务，是基本辅助服务之外所提供的辅助服务，包括自动发电控制（AGC）、有偿调峰、旋转备用、有偿无功调节、自动电压控制（AVC）、黑启动。

4.2.2 水文条件影响常规水电辅助服务功能

常规水电发电量及提供的电网辅助服务受环境标准、水资源季节性变化及现行水资源管理等因素的影响，差异较大。美国华盛顿奇兰县公用事业区（PUD）电网，4—7月来水量较大，基于漫坝风险的考虑，机组需要满额运转，电网运营灵活性服务受到限制。

对比干旱和湿润水文年的夏季，日发电模式差异显著。干旱水文年的冬季和早春，水电灵活性和蓄能电量均处较高水平（见

图4.4）；春、夏两季来水量增加，水电日发电量相对均匀，总发电量增加，蓄能电量下降。因此，在春季和夏季以及高流量条件下，水电站小时平均发电量的波动性和灵活性均降低（图4.4）。

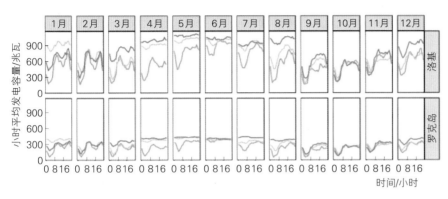

图4.4 干旱、湿润水文年和平水年洛基与罗克岛
水电站日内小时平均发电容量
数据来源：PUD电网

4.2.3 机组属性影响水电提供电网辅助服务功能

水电提供的电网辅助服务功能取决于机组属性，而机组属性又受水文和地质条件的限制。二者之间的关系见表4.1。影响水电综合效益和电网辅助服务的制约因素见表4.2。

表4.1 机组属性与水电提供电网辅助
服务之间的关系

类型	服务/属性	大惯性常数	无功功率控制	同步冷凝模式	灵活电力调配	快速冷启动	快速爬坡速率	孤立机组启动
基本辅助服务	惯性支持	√√√		√√√				
	初级频率响应						√	
有偿辅助服务	电压控制		√√√	√√√				
	二次频率响应（自动控制）						√√√	
	运转储量				√√√		√√√	
	非运转储量				√√√	√√√	√√√	
	黑启动				√√	√√√		√√√
√√√指已有充分研究证明存在联系；√√指可能存在联系；√指有联系但未开展研究								

表 4.2 　　　影响水电综合效益和电网辅助服务的制约因素

类型	具体属性	制 约 因 素				
		水资源利用优先性	最低库水位	最高库水位	最小流量	最大流量爬坡速率
电网辅助服务	大惯性常数					
	无功功率控制					
	同时冷凝模式					
	快速冷启动	√√√				
	灵活电力调配	√√√	√√√	√√√	√√	√√
	快速爬坡速率					√√√
	孤立机组启动					√√√

√√√指已有充分研究证明存在联系；√√指可能存在联系；√指有联系但未开展研究

4.3　常规水电电网辅助服务价值的外部性

　　调节性能好的水电机组一般根据系统负荷曲线变化同步调节出力，承担的负荷调整幅度大于系统机组均摊情况，超出部分用于弥补负外部性机组溢出的缺损部分，使系统发电负荷和用电负荷始终处于同步平衡，确保电力系统发电量具有商业价值。但是，电网辅助服务市场容量往往只占电力市场容量的一小部分（小于1%~2%）。电力价格通常高于辅助服务价格，将电站最大运营容量中的一部分剥离出来用于提供电网辅助服务，将产生机会成本。

　　例如，西部电力管理局和阿贡国家实验室（ANL）评价了拉夫兰地区项目（LAP）水电运行储备和应急储备的机会成本（见图4.5）。6月水电站蓄水量处于高点，电站几乎处于满负荷运转状态，能为电网提供的辅助服务容量极小，需通过旁路（bypass）机组实现电网向上调节服务和旋转备用容量（见图4.6）。因此，水电提供电网辅助服务约63%的机会成本发生在每年的6月。

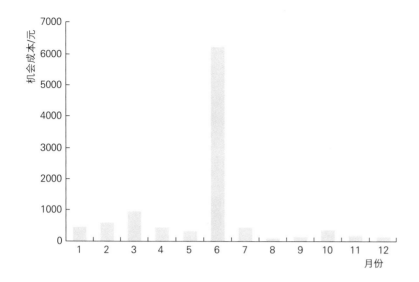

图 4.5　模拟 2024 年 LAP 水电运营和应急储能的机会成本

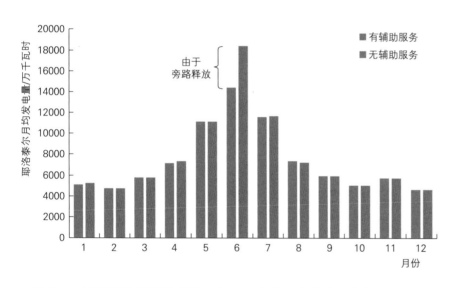

图 4.6　是否提供电网辅助性服务对耶洛泰尔水电站月发电量的影响

若仅靠弥补发电损失评价水电提供电网辅助服务的机会成本，则机会成本远无法体现水电机组正外部性贡献（见图 4.6）。水电提供电网辅助服务价值的负外部性将导致辅助服务资源配置无法实现最优。因此，可通过电力市场交易、水电获取与其提供的电网辅助服务价值相称的电价，消除其负外部性。

全球电价和电网辅助服务价格呈双降趋势，对发挥水电电网辅助服务功能不利。美国东北部常规水电站收益下降趋势尤为突出，严重降低水电提供辅助服务的积极性。

近些年，大部分电力市场收益仍然来源于发电，其次是容量电价和辅助服务，且辅助服务在总收益中占比较少。ISO‒NE 电力系统成本年变化情况表明，2013—2017 年的发电收益占 ISO‒NE 电网总收益的 49%～73%；水电参与了 ISO‒NE 电网中几乎全部电网的辅助服务，但所获收益十分有限（见图 4.7）。

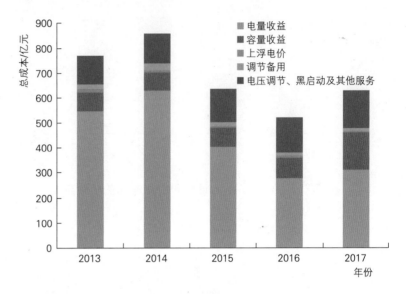

图 4.7　2013—2017 年 ISO‒NE 电网辅助性服务
负荷总成本变化情况

2014—2018 年，美国 CAISO 电网发电成本占系统总运营成本 50% 以上（见图 4.8）；与 ISO‒NE 电网相似，其电网辅助性服务在总成本中所占份额较小（小于 5%）。

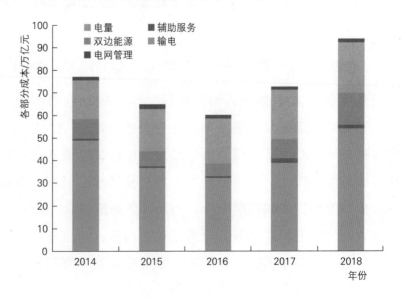

图 4.8　2014—2018 年 CAISO 电网辅助性服务负荷总成本变化情况

在 MISO 电网中，发电仍然是水电收益的主要来源，辅助服务市场规模远小于电力市场规模。例如，调节备用总容量仅占电网峰值负荷的 0.5%，因此，MISO 电网预估收益结果表明水电调节服务收益远小于发电收益（见表 4.3）。

表 4.3　　　　2015—2017 年 MISO 电网调节与能源供给预估收益对比

服务类型	水电类型	平均日供能量	预估总收益 /万元
调节服务	抽水蓄能	25.5 万千瓦	1655
	常规水电	24.1 万千瓦	1104
能源供给	抽水蓄能	457.3 万千瓦时	88976
	常规水电	2008.6 万千瓦时	23796

由于上述辅助服务规模较小，常规水电从提供电力为主转为电网辅助性服务将产生机会成本。这些额外成本，如提供电网辅助性服务导致发电损耗而产生的费用，需要得到合理补偿。

4.4　新型电力市场中常规水电电网辅助服务价值及补偿

4.4.1　内外条件变化驱动构建新的水电电网辅助服务市场

新能源快速增长置换了部分基荷电源，新型电力系统更加关注可提供辅助服务的灵活性电源，因此，美国很多州已开始水电灵活性改造。技术、社会政治、市场结构等因素变化是驱动水电价值变化的重要外部因素。通过技术创新、数据开发、分析工具和运营策略探索，确保水电适应外部条件变化，旨在满足未来电力需求。

水电为电网提供服务会产生额外成本，水电机组长期、频繁、大量担任调峰任务对其经济性产生一定影响。机组频繁变负荷调峰时，将增加穿越振动区的次数，导致设备局部损伤，缩短机组寿命，增加机组维修与检修成本。

近年来，水电价格无法体现电网辅助服务功能。未来，亟须根据电网运营模式变化，调整水电设备运维策略或投资计划，确保水电投资的长期性和可行性。同时，亟须将水电辅助服务外部费用纳入电价，开展水电辅助服务价值评估和补偿。

4.4.2 新型电力市场将补偿常规水电的电网辅助服务

美国高度重视水电辅助服务价值定量评价和补偿工作，还原水电商品属性，构建具有有效竞争的市场结构和市场体系，在更大范围内优化资源配置，完善电力辅助服务补偿（市场）机制。美国能源局委托太平洋西北国家实验室牵头开展上述工作，并得到了阿贡、爱达荷、橡树岭和美国可再生能源国家实验室支持，吸引了美国 CAISO、MISO、ISO－NE、WECC、PUD 等电力运营商共同参与。

4.4.2.1 电力市场运营机制可消除水电提供辅助服务的外部性

新型电力市场机制正在形成，为了消除外部性，部分电网尝试开展水电电网辅助服务补偿。例如，美国 CAISO 近期与 BPA 和 PUD 签署商务合同，明确了水电提供惯性服务和快速频率响应服务的补偿方式。但是，水电提供的其他辅助服务尚未完全实现货币化。水电电力平衡、旋转备用容量、自动发电控制、黑启动等辅助性服务均缺乏明确的补偿方案。

对于储备容量有限的电力系统，或缺乏有序运营市场支撑的电力系统（见图 4.9），若仍按最初设计的电力负荷响应机制运营，水电发电量与时间和电价变化均无相关性。例如，美国太平洋西北部邦纳维尔电力局（BPA）。然而，纽约电力调度中心、美国 PJM 市场运营机构、新英格兰独立系统运营商（ISO－NE），以及加州独立系统运营商（CAISO）等四大电力市场采取需求侧响应机制（Demand－side Response，DR），有利于清洁能源消纳，满足系统安全和经济性要求。

DR 机制强调利用市场机制,量化机组辅助服务价值,并通过市场手段调节辅助服务供需矛盾和定价问题。对于负外部性机组,量化辅助服务差额;对于正外部性机组,允许其出售超出份额之外的辅助服务。

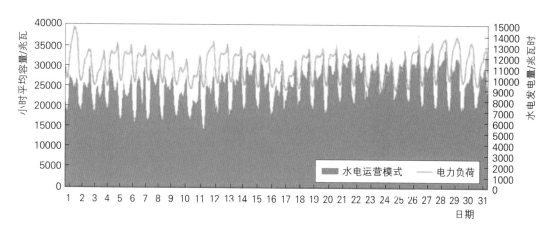

图 4.9　2016 年 3 月太平洋西北部水电运营模式与电力负荷的比较

4.4.2.2　新型电力市场强调补偿水电灵活性裕度服务的外部性

电力系统灵活性需求升级,驱使电力运营商(如 CAISO)提出灵活资源充裕度(Flexibility Resource Adequacy,FRA)容量概念,旨在强调水电对 FRA 容量的贡献。

基础爬坡、峰值爬坡和超峰值爬坡三种爬坡类型对电源灵活性裕度要求不同(见表 4.4)。CAISO 电网中,水电在基础爬坡、峰值爬坡和超峰值爬坡中 FRA 容量贡献百分比分别为 9%、5% 和 7%(见图 4.10),但水电对 FRA 容量贡献缺乏经济补偿。

表 4.4　　　　　　CAISO 电网灵活性电源裕度构成

裕度要求 ＼ 爬坡类型	基础爬坡	峰值爬坡	超峰值爬坡
经济竞价-强制供给时段	05:00—22:00	季节性决定 5 小时输电阻塞(block)	季节性所决定的 5 小时输电阻塞
允许的最大容量	每月按最大净负荷爬坡设置	按要求 100% 和基础爬坡的差值设置	每月按总需求量 5% 设置

续表

爬坡类型 裕度要求	基础爬坡	峰值爬坡	超峰值爬坡
每日启动 次数	每天至少启动2次，或由运行限制所允许的启动次数	每天至少启动1次	每天至少启动1次
电源类型 的举例	常规燃气电、风电和水电，以及具有长放电能力储能	光电、传统燃气爬峰电源	提供调度和需求响应的高放电速率的电池

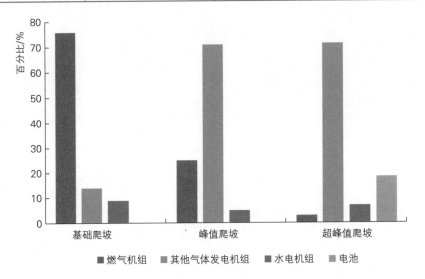

图4.10 CAISO电网中不同资源提供的资源充足灵活性容量情况

2016年，电源裕度容量双边协议研究表明，个别协议签订的容量价格在每千瓦每月3.45～240元，所有协议加权平均值为每千瓦每月21元。

4.5 抽水蓄能电站电网辅助服务价值定量评价

4.5.1 全球电力市场体现抽水蓄能电站服务价值的方式

全球具有竞争性电力市场的国家或地区，由于电力市场模式差异，抽水蓄能电站的运营模式也具有明显差异。

（1）分散式市场。以英国为代表的分散式市场，抽水蓄能电站通过签订场外中长期合约的方式回收成本。在英国电力市场中，电力交易以发电商与用户的双边交易形式为主，双边交易电量在总交易电量中的占比超过90%；平衡机制和辅助服务市场作为市场的必要补充。其中，平衡机制交易电量占3%～5%。在平衡机制中，发电商申报买入价（Bid）和卖出价（Offer）。其中，Offer表示机组增加出力的报价，Bid表示机组降低出力的报价。英国电网调度机构根据系统运行需求，以购电成本最低为目标进行平衡市场服务采购。对于以提供灵活性调节资源为主的抽水蓄能电站而言，由于平衡机制市场规模不稳定（不同交易日之间平衡市场规模存在明显波动性），以及价格波动性（价格取决于平衡市场的需求方向，通常Bid价格高于Offer价格），难以在这一市场模式中获取稳定收益。

为保障抽水蓄能电站的合理收益，英国电力市场专门制定了抽水蓄能电站电价形成机制，明确抽水蓄能电站电价包括固定电价（固定部分）与平衡机制电价（变动部分）两部分。在英国电力市场中，抽水蓄能电站容量补偿（包括电网辅助服务效益、调峰填谷和基荷电源效益）收入占全年总收入的70%～80%，辅助服务补偿费约占容量补偿收入的70%。

抽水蓄能电站预留足够辅助服务及调峰填谷容量后，剩余容量可通过自主参加平衡市场获得部分变动收入，这部分收入根据不同时段的不同报价变化，完全依靠市场需求和竞价交易获得。变动收入一般占抽水蓄能电站全年总收入的20%～30%。

（2）集中式电力市场。在集中式电力市场中，抽水蓄能电站参与电力市场和辅助服务市场竞争获得相应收入。其中，调峰填谷功能通过参与电力市场竞争、峰谷价差套利方式获利；辅助服务功能通过参与辅助服务市场的方式获得相应收入。

美国CAISO市场是典型的集中式电力市场，由于负荷特性的稳定性，每日高峰时段/低谷时段可产生稳定、可预期的高峰/低谷价格信号，抽水蓄能电站可通过参与电能量市场与辅助服务市场获得相应的收益，包括参与辅助服务市场和现货市场的峰谷套利。典型案例是太平洋天然气电力公司（PG＆E）所运营Helms

抽水蓄能水电站，年收入中约40％来自峰谷套利（调峰填谷），辅助服务收入约占总收入的60％，上述套利模式与可变可再生能源发电量密切相关。

与CAISO电网不同，MISO电网中抽水蓄能电站运营模式不受可变可再生能源总发电量大小的影响。2015—2017年，MISO电网中峰谷套利不受风电出力的影响（见图4.11），抽水蓄能电站发电和抽水计划仍受电网系统总负荷驱动，与电网系统节点边际电价LMP（LMP＝电能价格＋阻塞价格＋网损价格）呈正相关关系（见图4.12～图4.15）。

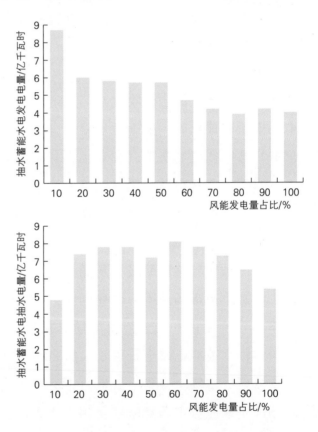

图4.11 MISO电网抽水蓄能发电电量与抽水电量
随风电发电量占比的变化情况

4.5.2 抽水蓄能电站收益呈下降趋势

MISO电网抽水蓄能水电套利价值呈逐年下降趋势（见图4.16），发电收益与抽水成本叠加后显示，抽水蓄能电站净收益也呈下降趋势（见图4.17）；MISO电网净收益（发电收益与抽水

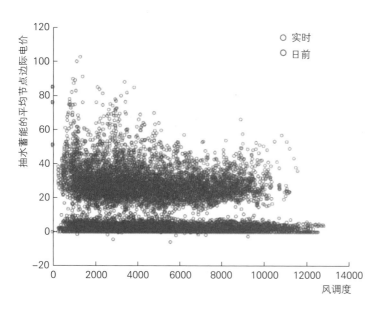

图 4.12 MISO 电网风电出力与抽水蓄能 LMP 的关系

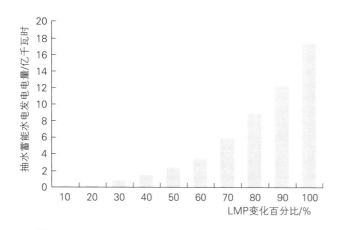

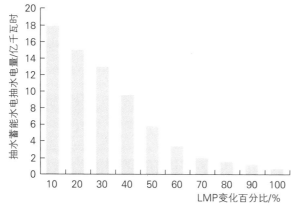

图 4.13 MISO 电网抽水蓄能水电发电量
和抽水量随 LMP 的变化

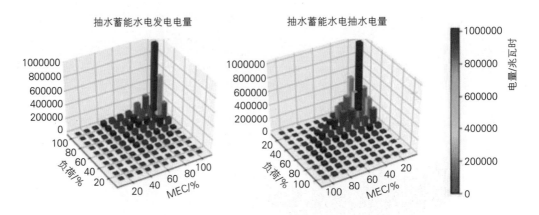

图 4.14　2015—2017 年 MISO 电网中抽水蓄能电站发电和抽水
两种模式电量随负荷占比及能源边际费用占比（MEC）的变化

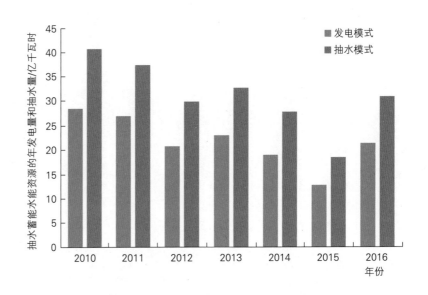

图 4.15　MISO 电网中抽水蓄能水电的年发电量和抽水量年际变化

成本的差值）除 2013 年外，均有所下降，但仍占电站总收益的
10% 左右。2010—2015 年，发电量和抽水量负荷下降的原因不
明，尽管抽水蓄能水电运营模式未发生变化，但峰值和非峰值能
源价差的减小仍会导致净收益下降（见图 4.17）。

4.5.3　抽水蓄能电站价值评价框架

建立完善的抽水蓄能电价形成机制，提升电力系统灵活性、
经济性和安全性，是构建以新能源为主体的新型电力系统的迫切
要求。2021 年 3 月，美国能源部发布《抽水蓄能评价导则：成本

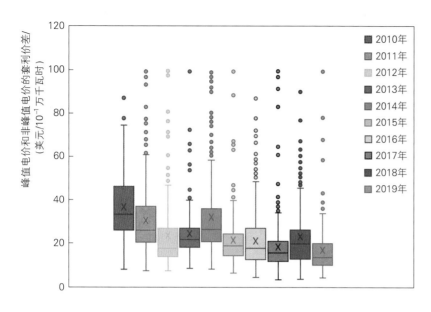

图 4.16　MISO 电网中峰值和非峰值套利价差的年际变化

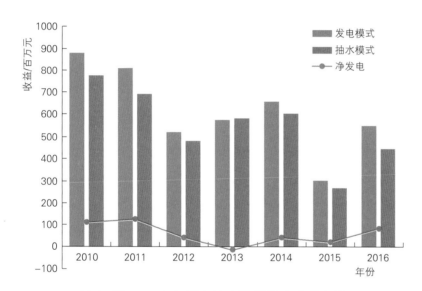

图 4.17　MISO 电网中抽水蓄能发电收益扣除
抽水成本后的年净收益

效益与决策分析评价框架》（以下简称《抽水蓄能评价导则》）。

　　抽水蓄能电站价值评价流程的总体框架和关键步骤如图 4.18
所示。评价导则提出的针对抽水蓄能电站全面的成本效益和决策
分析框架，可用于抽水蓄能电站新建项目、设计方案优选或是现
有项目升级改造等情况。

　　该评价框架具备以下特点：

• 评价方法客观、全面、透明；

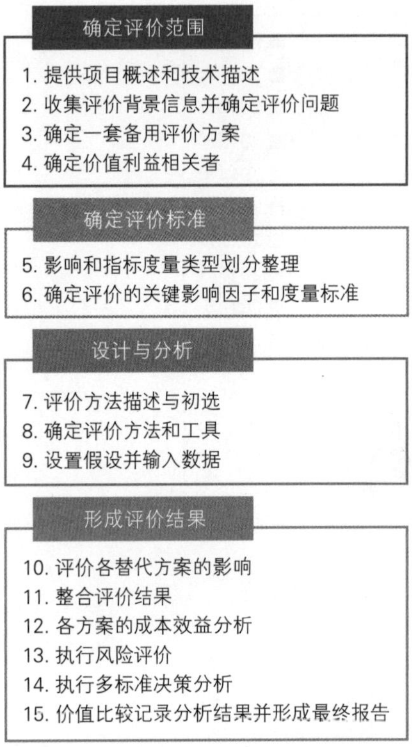

> **确定评价范围**
>
> 1. 提供项目概述和技术描述
> 2. 收集评价背景信息并确定评价问题
> 3. 确定一套备用评价方案
> 4. 确定价值利益相关者

> **确定评价标准**
>
> 5. 影响和指标度量类型划分整理
> 6. 确定评价的关键影响因子和度量标准

> **设计与分析**
>
> 7. 评价方法描述与初选
> 8. 确定评价方法和工具
> 9. 设置假设并输入数据

> **形成评价结果**
>
> 10. 评价各替代方案的影响
> 11. 整合评价结果
> 12. 各方案的成本效益分析
> 13. 执行风险评价
> 14. 执行多标准决策分析
> 15. 价值比较记录分析结果并形成最终报告

图 4.18　抽水蓄能电站价值评价
流程的总体框架

- 评价方法具有一致性和可重复性；
- 适用于不同类型和规模的抽水蓄能电站；
- 可对抽水蓄能电站向电网提供各种服务和贡献做出解释；
- 适用于传统和重建的市场环境；
- 对供水电行业及不同利益相关者使用。

抽水蓄能价值评价框架基于大量文献，包括数百篇（份）论文和研究报告，涵盖抽水蓄能电站和水电技术价值评价，也包括了风电、光伏发电、分布式能源和储能技术评价。美国电力研究院（EPRI）在电网辅助服务和技术评价领域开展了大量研究工作。除开展电网技术（如储能）评价研究，EPRI 还开展了不同电网和分布式能源评价框架研究。抽水蓄能电站价值评价框架借鉴了 EPRI 针对综合电网和智能电网提出的成本效益评价框架，也借鉴了布拉特尔（Brattle）集团储能和电网价值评价成果。与 EPRI 一致，Brattle 集团也采用了成本效益评价框架，并综合考虑了利益相关者、电力系统和社会各界的观点。

美国能源局国家实验室前期提出的电网辅助服务价值评价框架对美国能源局编制的抽水蓄能电站价值评价框架贡献最大。在此基础上，抽水蓄能电站价值评价框架分析了抽水蓄能电站对电网可靠性和可变可再生能源消纳的作用，并提出了成本效益及决策分析框架。评价过程包括 15 个步骤，核心内容包括 4 个方面（见图 4.18）：

（1）确定评价范围：包括 4 个步骤，根据项目概述识别评价问题（如为什么要进行评价分析），确定备选方案，并确定项目涉及的利益相关者。

（2）确定评价标准：包括 2 个步骤，用于识别关键影响因子和指标。

（3）设计与分析：包括 3 个步骤，旨在量化关键影响因子。

（4）形成评价结果：包括 6 个步骤，影响预测，开展成本效益和风险评价，多准则决策分析，替代方案比选，记录评价结果并形成最终报告。

4.5.4　抽水蓄能电站价值评价方法

4.5.4.1　电能量市场套利价值评价方法

抽水蓄能与其他储能技术相同，均存在往返效率损失，即产生能量比消耗能量少。因此，对抽水蓄能电站而言，评价能源套利价值比单纯评价发电价值更重要。能源套利是指储能设施在电力需求或电价高时发电，而在电力需求或电价低时耗电。在电力负荷高峰时段储能的运营方式减小了电力系统的净负荷，而在非高峰时段增加了电力负荷，也称为负荷均衡或负荷转移。

能源套利可以在电力系统或电力市场中进行。在电力系统中，能源套利包括在非高峰时段抽水而在高峰时段发电。储能设备的调度策略是基于收益最大化的优化方法，可通过提供频率调节、应急储备来优化抽水蓄能电站的能源套利，进而减少提供套利服务的可用能源。

抽水蓄能电站能源套利价值评价的建模方法，需要综合考虑电站运营市场环境、储能设施、电网或电力系统精度，见表 4.5。

表 4.5　　　　抽水蓄能电站能源套利价值评价方法

评价方法	方法概述	模拟工具
生产成本评价法	通过计算发电收益与抽水耗能成本的差值估算能源套利的价值	倾向于使用高分比率的生产成本模拟和优化模型。模拟工具包括 PLEXOS，PROMOD 和 Aurora
价格接受者评价法（完美预测）	最常见的能源套利评价方法，适用于小型抽水蓄能电站（小于 1 万千瓦），可假设电站运行不会显著影响电力市场的结算价格	使用适当改进的点对点分析工作，包括 PROMOD、PLEXOS、Aurora、GridStore 和 ReEDS
系统分析评价法（价格影响者）	假设抽水蓄能电站的运行会影响系统中的市场结算价格，该方法需要使用电力市场仿真模型	已有研究使用 PLEXOS, Aurora, PROMOD 和 FESTIV

4.5.4.2 辅助服务价值评价方法

与电网运营相关的价值和成本通常一起计算，因两者紧密耦合（如预分配的调节量限制了可出售的能源量）。直接（发电）和间接（需求响应）能源均可由电网上的大多数设备供给，而电网辅助服务一般由可调节电源（如水电或火电）提供，其特征是能够在电网支持所需的时间尺度上改变发电量。然而，这些技术提供辅助服务的问题仍无定论，在某些地区批准包括需求响应和分布式能源在内的可变能源提供电网辅助服务。

评价工作开始之前，应该确定当前的权威措施和价值流。接着简要讨论在评价辅助服务价值时建模常用的服务类型，以及计算时经常使用的指标类型。目前模拟服务价值的方法有两类，包括使用生产成本模型的系统分析及价格接受者模型。系统生产成本模型在估价研究中也称为价格制造者或价格影响者评价法。这两种方法在建模方法、使用局限性和模拟工具方面的比较见表 4.6。

表 4.6　　　　　　电网辅助服务价值评价方法比较

方法 内容	生产成本评价法	价格接受者评价法
方法概述	机组承诺模型（SCUC）和经济调度模型（SCED）	假设电站运营不影响电价和辅助服务价格；适用于大型电力系统和小型发电厂
建模方法	将机组承诺模型和经济调度模型结合起来对价值流进行改进的估计。通过将包含新建抽水蓄能设施模型结果与不包含该设施的基准模型结果比较得到价值流	完成 4 个建模决策：①电厂将提供的服务；②将参与的电力市场；③是否假设完全或不完全的价格预见；④获得价格来源
局限性	传输限制通常不低于阈值，例如 69 千伏	适用于具有市场结算价格的区域
模拟工具	市场可用的生产成本模型较多，包括 GridView、PROMOD、Aurora、PLEXOS，多区域生产模拟软件程序和电力系统优化器	使用开源或商业混合整数线性编程环境来构建模型，可用的软件包有一般代数建模系统，juMP/Julia 和 Pyomo

4.5.4.3 黑启动价值评价方法

NERC 将"黑启动资源"界定为"一组发电单元及其相关设备，能够在无电力系统支持的情况下启动，或者在不与电力系统连接的情况下保持通电，满足输电运营商对真实和无功功率容量、频率和电压控制的需求，并包含在输电运营商的恢复计划中"。黑启动发电具有国家安全性质，对黑启动指定机组既有严格的性能要求，同时机组的具体数量和特征信息又较为有限。在应急准备和运行标准中，从国家层面对输电运营商提出了一系列要求。

美国电网对黑启动服务的补偿机制区分为传统监管市场和电力批发市场。一方面，对于传统监管市场，监管环境决定了不同电力系统采购黑启动服务的方式不同。美国的电力系统主要通过双边协议、提案申请和内部收购等管理工具来购买需要的黑启动服务，以维持供需平衡及电网稳定。另一方面，对于有组织的电力批发市场，评价黑启动服务价值的恰当方法是评价区域输电组织或电网独立运营商提供的补偿程序。一般而言，有 3 种补偿机制，包括服务成本补偿法、统一价格补偿法和竞争性招标程序补偿法。

（1）传统监管市场黑启动服务价值评价方法。在美国传统电力市场中，黑启动服务的采购和相关补偿一般通过内部收购、征求建议书和双边契约实施。这些采购方法需要深入了解受监管市场的所有者，执行起来非常困难。然而，由于服务成本可为估算黑启动容量成本提供建议，业界广泛接受这种方法。3 种补偿方法的对比见表 4.7。

表 4.7　　　　　传统监管市场黑启动服务价值评价方法比较

方法	方 法 描 述	模拟工具
内部收购	当电力公司不适合采用外部组织方法（提案申请和双边协议），且电力公司拥有可提供黑启动服务的发电机组	黑启动服务补偿评价，不需要商业工具
提案申请	流程与任务： • 制定技术要求 • 向投标人发布可提供黑启动服务的资源 • 方案评价 • 黑启动机组可行性验证 • 成本回收组成审查	
双边协议	协议应涵盖内容： • 提供辅助服务的细节条款 • 合同期限、终止执行条件、可变更事宜 • 可使用的机组 • 补偿机制和交易付款方式 • 有毒有害物质使用与储藏情况 • 许可、执照与保险等	

（2）电力批发市场黑启动服务价值评价方法。电力批发市场的黑启动服务补偿机制一般分为 3 种类型：①服务成本，未参与联合爱迪生（ConEd）计划的 PJM、MISO、CAISO 和 NYISO 电网；②统一价格，参与 ConEd 计划的 ISO－NE 和 NYISO 电网；③竞争性招标程序，如美国得州电力可靠性委员会（ERCOT）。3 种补偿机制的比较见表 4.8。

表 4.8　　　　　　电力批发市场黑启动服务价值评价方法比较

方法	关键特征与假设	模拟工具
服务成本补偿法	• 近期部分发电容量将无法使用 • 根据区域电网负荷分配黑启动的成本 • 合理的可变操作和维护成本估算 • 现有电站与新建设施的可变操作维护成本估计 • 储能期间上部水库提供黑启动容量 • Handy－Whitman 指数不增加	电力市场黑启动服务补偿评价不需要使用商业软件
统一价格补偿法	• 近期部分发电容量将无法使用 • 根据区域电网负荷分配黑启动的成本 • Handy－Whitman 指数不增加	
竞争性招标程序补偿法	• 选择服务供应商过程的系统化 • 提供公平选择过程的证据 • 鼓励现有服务提供者提高运作效率	

4.6　政策性建议

为提高水电对电网可靠性、电网弹性和电力系统资源整合的贡献，针对水电目前存在的问题，未来发展方向和创新建议如下。

4.6.1　深入挖掘水电价值潜力

综合考虑水文条件、机组属性和制度因素对水电灵活性的影响。近年来，针对以上各因素的单一影响已开展了大量研究，但多因素联合影响仍不明晰。制度因素的影响是过去关注的重点，如联邦能源管理委员会许可或长期购电协议的普遍存在，极大地限制了水电的灵活性，而这些制度本身可能并未意识到其对水电灵活性的限制作用。

未来，需要进一步研究水电特性与电力系统和电网状态之间的关系。电网可靠性和弹性将取决于电网系统组成，水电将继续发挥维持电网稳定的作用，如提供惯性和初级频率响应服务，但电网系统整体性能将取决于基于各灵活性资源的联合响应。

水电应对极端事件（如寒流、热浪、其他自然或人为事件）的能力，取决于具体的水文条件。例如，在干旱条件下，水电提供电网辅助性服务的能力严重受限。目前较多研究关注极端事件对电网可靠性和弹性的单一影响，但未考虑极端事件的耦合效应。电力和可再生能源发展中长期规划需考虑极端天气事件对水电资源可用性长期影响，进而影响整个电力系统的资源充裕度。

4.6.2 加强常规水电运营模式模拟研究

水电具有动态性和复杂性特点，建议在电力系统模拟模型中纳入流域尺度水电项目和水资源的动态变化，用于识别水电的灵活性及其对调度决策的支撑作用。现有的电力系统模型中，水电灵活性多采用静态方式（以平均年为单位）。电网辅助性服务对象通常是电力公司一级电站间的动态协调，而不是单一电站，建议提高对电力系统多电站动态协调机制的认识。水库调度和机组组合联合优化是未来的研究难点。此外，电站运营商与电网营销团队差异较大，需要探索如何将信息和制约因素在两者间高效传递的方法。

4.6.3 找准技术创新的突破口

越来越多的水电站运行超出初始功能或设计规范，降低了机组工作效率，并对机组产生了额外压力。建议基于所有发电电站数据，识别动态电网条件下电站运营状态的变化，并研究实际运行工况对机组的影响。近年来，有关灵活性运行对涡轮机寿命影响的相关研究较少，建议在电网负荷动态变化条件下模拟水电灵活性运行。这些研究将为行业标准的编制和现有机组预期故障率的估算提供参考。建议探索常规水电、抽水蓄能电站与蓄电池储能、光伏发电的耦合，增加电网灵活性，提高调度信号响应的准确性和速度，减轻对水电涡轮机的损耗。

4.6.4 良好的现货和辅助服务市场是抽水蓄能电站市场化必备条件

抽水蓄能电站适用于分散式和集中式电力市场，但在不同市场模式中的运营方式存在差异。在分散式电力市场中，由于峰谷价差信号的隐化，为保障抽水蓄能电站的合理生存，建议制定特殊的电价激励政策，如固定合约机制等；而在集中式市场环境中，抽水蓄能电站可作为独立个体参与市场竞争，通常不需要设立单独的保障机制。

根据全球电力市场化改革实践经验，无论是分散式还是集中式电力市场，抽水蓄能电站能够独立参与市场竞争并适应电力市场环境，至少包括以下两个必备要素：一是运行良好的现货市场，能够提供峰谷套利空间；二是完善的辅助服务市场，确保抽水蓄能电站辅助服务价值得到合理的体现。只有上述两个条件同时满足时，抽水蓄能电站才具备完全推向市场的可能。

附表1　2020年全球主要国家（地区）水电数据统计

区域		国家（地区）		水电装机容量/万千瓦	水电发电量/亿千瓦时	常规水电装机容量/万千瓦	抽水蓄能装机容量/万千瓦
		中文名称	英文名称				
亚洲	东亚	中国	China	37016.0	13552.0	33867.0	3149.0
		朝鲜	Democratic People's Republic of Korea	479.0	122.0	479.0	0
		日本	Japan	5001.6	891.7	2812.2	2189.4
		蒙古	Mongolia	3.1	0.9	3.1	0
		韩国	Republic of Korea	650.6	71.0	180.6	470.0
	东南亚	柬埔寨	Cambodia	133.0	34.9	133.0	0
		印度尼西亚	Indonesia	621.0	186.3	621.0	0
		老挝	The Lao People's Democratic Republic	737.6	192.0	737.6	0
		马来西亚	Malaysia	627.5	158.0	627.5	0
		缅甸	Myanmar	330.4	110.0	330.4	0
		菲律宾	Philippines	376.1	77.9	302.5	73.6
		泰国	Thailand	366.7	45.4	310.7	56.0
		东帝汶	Timor – Leste	0	0	0	0
		越南	Viet Nam	1816.5	519.8	1816.5	0
	南亚	阿富汗	Afghanistan	33.3	6.2	33.3	0
		孟加拉国	Bangladesh	23.0	6.1	23.0	0
		不丹	Bhutan	233.4	89.5	233.4	0
		印度	India	5068.0	1550.0	4589.5	478.6
		伊朗	Iran	1323.3	277.0	1219.3	104.0
		尼泊尔	Nepal	130.2	30.0	130.2	0
		巴基斯坦	Pakistan	1000.2	373.8	1000.2	0
		斯里兰卡	Sri Lanka	181.5	49.0	181.5	0

续表

区域		国家（地区）		水电装机容量/万千瓦	水电发电量/亿千瓦时	常规水电装机容量/万千瓦	抽水蓄能装机容量/万千瓦
		中文名称	英文名称				
亚洲	中亚	哈萨克斯坦	Kazakhstan	278.5	99.0	278.5	0
		吉尔吉斯斯坦	Kyrgyzstan	367.7	148.0	367.7	0
		塔吉克斯坦	Tajikistan	527.3	170.0	527.3	0
		土库曼斯坦	Turkmenistan	0.1	0	0.1	0
		乌兹别克斯坦	Uzbekistan	200.5	69.0	200.5	0
	西亚	亚美尼亚	Armenia	133.6	25.0	133.6	0
		阿塞拜疆	Azerbaijan	114.5	10.3	114.5	0
		格鲁吉亚	Georgia	381.8	82.5	381.8	0
		伊拉克	Iraq	251.4	18.0	227.4	24.0
		以色列	Israel	30.7	0.2	0.7	0
		约旦	Jordan	1.6	0.3	1.6	0
		黎巴嫩	Lebanon	25.3	9.7	25.3	0
		叙利亚	The Syrian Arab Republic	149.0	7.5	149.0	0
		土耳其	Turkey	3098.4	773.9	3098.4	0
美洲	北美	加拿大	Canada	8105.8	3830.0	8088.4	17.4
		格陵兰	Greenland	9.2	5.0	9.1	0
		美国	United States of America	10305.8	2910.0	8379.0	1926.7
	拉丁美洲和加勒比	阿根廷	Argentina	1134.8	303.5	1037.4	97.4
		伯利兹	Belize	5.5	0.8	5.5	0
		玻利维亚	Bolivia	73.6	29.4	73.6	0
		巴西	Brazil	10931.8	4095.0	10931.8	0
		智利	Chile	693.4	207.9	693.4	0
		哥伦比亚	Colombia	1261.1	458.2	1261.1	0
		哥斯达黎加	Costa Rica	233.2	82.9	233.2	0
		古巴	Cuba	7.2	0.6	7.2	0
		多米尼克	Dominica	0.5	0.4	0.5	0
		多米尼加	Dominican Republic	62.5	1.2	62.5	0
		厄瓜多尔	Ecuador	509.8	247.9	509.8	0
		萨尔瓦多	El Salvador	57.4	19.9	57.4	0
		法属圭亚那	French Guiana	11.9	4.4	11.9	0
		瓜德罗普	Guadeloupe	1.1	0.3	1.1	0
		危地马拉	Guatemala	157.7	57.7	157.7	0

续表

区域		国家（地区）		水电装机容量/万千瓦	水电发电量/亿千瓦时	常规水电装机容量/万千瓦	抽水蓄能装机容量/万千瓦
		中文名称	英文名称				
美洲	拉丁美洲和加勒比	圭亚那	Guyana	0.2	0	0.2	0
		海地	Haiti	7.8	1.3	7.8	0
		洪都拉斯	Honduras	83.7	27.0	83.7	0
		牙买加	Jamaica	3.0	1.6	3.0	0
		墨西哥	Mexico	1267.1	231.2	1267.1	0
		尼加拉瓜	Nicaragua	15.7	5.7	15.7	0
		巴拿马	Panama	179.6	72.5	179.6	0
		巴拉圭	Paraguay	881.0	493.4	881.0	0
		秘鲁	Peru	573.5	290.4	573.5	0
		波多黎各	Puerto Rico	9.9	0.5	9.9	0
		圣文森特和格林纳丁斯	Saint Vincent and the Grenadines	0.6	0.4	0.6	0
		苏里南	Suriname	18.0	13.6	18.0	0
		乌拉圭	Uruguay	153.8	39.5	153.8	0
		委内瑞拉	Venezuela	1652.1	720.0	1652.1	0
欧洲		阿尔巴尼亚	Albania	228.9	52.8	228.9	0
		安道尔	Andorra	4.6	1.2	4.6	0
		奥地利	Austria	1514.7	425.2	1514.7	0
		白俄罗斯	Belarus	9.6	4.3	9.6	0
		比利时	Belgium	141.7	12.9	10.7	131.0
		波黑	Bosnia and Herzegovina	224.9	61.0	182.9	42.0
		保加利亚	Bulgaria	337.8	33.7	251.4	86.4
		克罗地亚	Croatia	220.0	34.0	220.0	0
		捷克	Czechia	226.1	34.0	109.0	117.2
		丹麦	Denmark	0.7	0.2	0.7	0
		爱沙尼亚	Estonia	0.7	0.4	0.7	0
		法罗群岛	Faroe Islands	4.0	1.1	4.0	0
		芬兰	Finland	324.1	155.6	324.1	0
		法国	France	2589.7	648.4	2416.9	172.8
		德国	Germany	1072.0	247.5	536.5	535.5
		希腊	Greece	341.2	34.3	341.2	0

续表

区域	国家（地区）		水电装机容量/万千瓦	水电发电量/亿千瓦时	常规水电装机容量/万千瓦	抽水蓄能装机容量/万千瓦
	中文名称	英文名称				
欧洲	匈牙利	Hungary	5.8	2.4	5.8	0
	冰岛	Iceland	210.4	124.6	210.4	0
	爱尔兰	Ireland	52.9	12.1	23.7	29.2
	意大利	Italy	2244.8	477.2	1850.8	394.0
	拉脱维亚	Latvia	158.7	25.9	158.7	0
	立陶宛	Lithuania	87.7	10.6	11.7	76.0
	卢森堡	Luxembourg	133.0	10.9	3.4	129.6
	摩尔多瓦	Moldova	6.4	2.0	6.4	0
	黑山	Montenegro	65.8	18.0	65.8	0
	荷兰	Netherlands	3.7	0.5	3.7	0
	北马其顿	North Macedonia	68.6	12.4	68.6	0
	挪威	Norway	3300.3	1416.9	3300.3	0
	波兰	Poland	239.9	29.3	97.6	142.3
	葡萄牙	Portugal	726.2	139.6	726.2	0
	罗马尼亚	Romania	668.4	155.3	659.3	9.2
	俄罗斯	Russia	5181.1	1960.0	5045.5	135.6
	塞尔维亚	Serbia	307.4	96.6	246.0	61.4
	斯洛伐克	Slovakia	252.8	46.7	161.2	91.6
	斯洛文尼亚	Slovenia	135.1	52.4	117.1	18.0
	西班牙	Spain	2011.4	333.4	1679.3	332.1
	瑞典	Sweden	1647.9	716.0	1647.9	0
	瑞士	Switzerland	1557.1	406.2	1504.4	52.7
	乌克兰	Ukraine	632.9	48.5	482.0	150.9
	英国	United Kingdom	477.5	76.4	217.5	260.0
非洲	阿尔及利亚	Algeria	22.8	0.9	22.8	0
	安哥拉	Angola	370.1	100.8	370.1	0
	贝宁	Benin	0.1	0.6	0.1	0
	布基纳法索	Burkina Faso	3.5	1.1	3.5	0
	布隆迪	Burundi	4.8	2.2	4.8	0
	喀麦隆	Cameroon	77.7	58.8	77.7	0
	中非共和国	Central African Republic	1.9	1.5	1.9	0

区域	国家（地区）		水电装机容量/万千瓦	水电发电量/亿千瓦时	常规水电装机容量/万千瓦	抽水蓄能装机容量/万千瓦
	中文名称	英文名称				
非洲	科摩罗	Comoros	0.1	0	0.1	0
	科特迪瓦	Côte d'Ivoire	87.9	23.1	87.9	0
	刚果民主共和国	Democratic Republic of the Congo	276.0	91.9	276.0	0
	埃及	Egypt	283.2	120.9	283.2	0
	赤道几内亚	Equatorial Guinea	12.7	1.2	12.7	0
	斯威士兰	Eswatini	6.2	1.6	6.2	0
	埃塞俄比亚	Ethiopia	407.1	135.6	407.1	0
	加蓬	Gabon	33.0	17.4	33.0	0
	加纳	Ghana	158.4	72.1	158.4	0
	几内亚	Guinea	36.8	24.7	36.8	0
	肯尼亚	Kenya	83.7	35.2	83.7	0
	莱索托	Lesotho	7.5	5.0	7.5	0
	利比里亚	Liberia	9.2	5.3	9.2	0
	马达加斯加	Madagascar	16.4	8.1	16.4	0
	马拉维	Malawi	37.4	13.0	37.4	0
	马里	Mali	31.5	9.5	31.5	0
	毛里塔尼亚	Mauritania	0	2.1	0	0
	毛里求斯	Mauritius	6.1	1.0	6.1	0
	摩洛哥	Morocco	177.0	15.5	130.6	46.4
	莫桑比克	Mozambique	220.4	141.7	220.4	0
	纳米比亚	Namibia	35.1	9.5	35.1	0
	尼日利亚	Nigeria	211.1	61.0	211.1	0
	刚果共和国	Republic of Congo	21.4	10.7	21.4	0
	留尼汪	Réunion	13.3	4.9	13.3	0
	卢旺达	Rwanda	11.0	4.5	11.0	0
	圣多美和普林西比	Sao Tome and Principe	0.2	0.1	0.2	0
	塞内加尔	Senegal	0	3.1	0	0
	塞拉利昂	Sierra Leone	6.1	1.8	6.1	0
	南非	South Africa	347.9	56.7	74.7	273.2

续表

区域	国家（地区）		水电装机容量/万千瓦	水电发电量/亿千瓦时	常规水电装机容量/万千瓦	抽水蓄能装机容量/万千瓦
	中文名称	英文名称				
非洲	苏丹	Sudan	190.7	77.5	190.7	0
	坦桑尼亚	Tanzania	58.3	23.5	58.3	0
	多哥	Togo	6.7	0.9	6.7	0
	突尼斯	Tunisia	6.2	0.6	6.2	0
	乌干达	Uganda	99.5	40.3	99.5	0
	赞比亚	Zambia	239.9	136.7	239.9	0
	津巴布韦	Zimbabwe	108.1	72.6	108.1	0
大洋洲	澳大利亚	Australia	852.8	148.9	771.8	81.0
	斐济	Fiji	13.8	5.0	13.8	0
	法属波利尼西亚	French Polynesia	4.8	1.8	4.8	0
	密克罗尼西亚联邦	Micronesia	0	0	0	0
	新喀里多尼亚	New Caledonia	8.1	2.2	8.1	0
	新西兰	New Zealand	538.9	239.8	538.9	0
	巴布亚新几内亚	Papua New Guinea	25.8	8.0	25.8	0
	萨摩亚	Samoa	1.4	0.4	1.4	0
	所罗门群岛	Solomon Islands	0	0	0	0
	瓦努阿图	Vanuatu	0.1	0	0.1	0

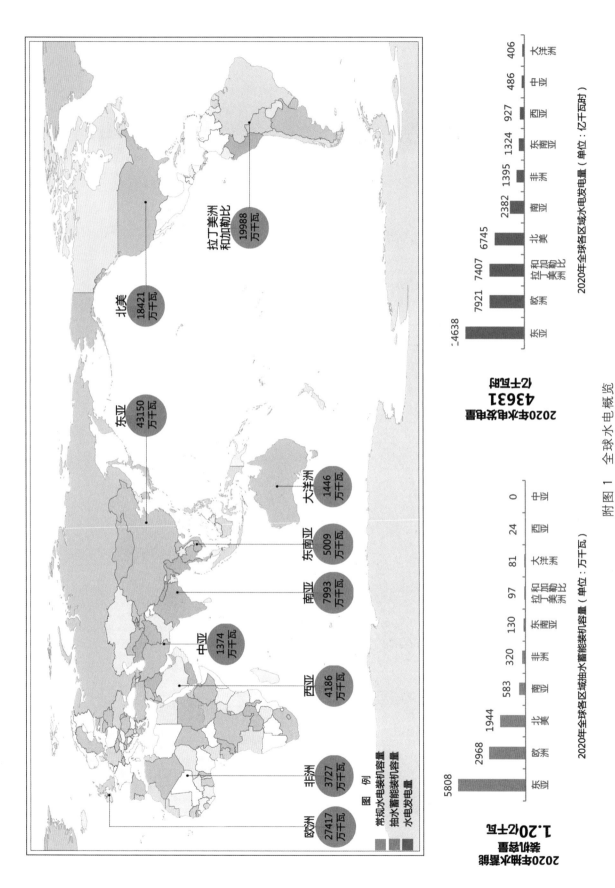

附图1 全球水电概览

（注：图中数据为常规水电装机容量与抽水蓄能装机容量之和）

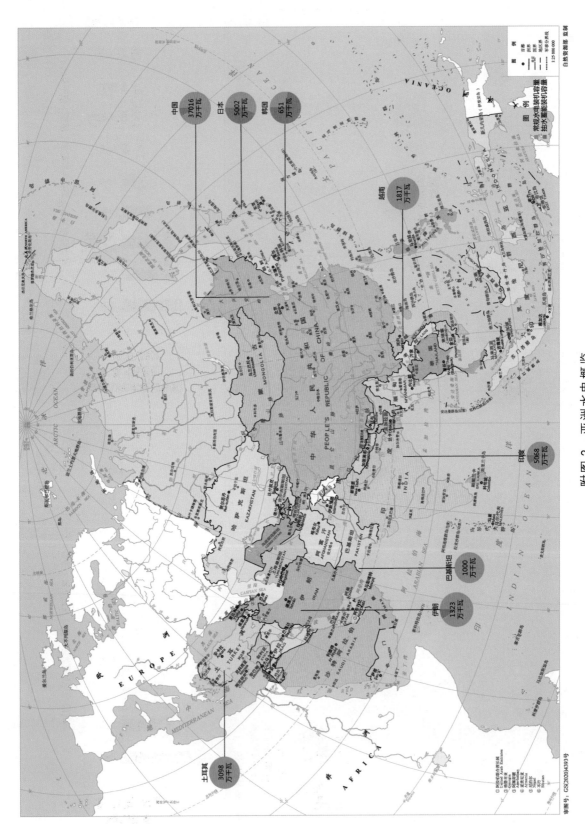

附图 2 亚洲水电概览

（注：图中数据为常规水电装机容量与抽水蓄能装机容量之和）

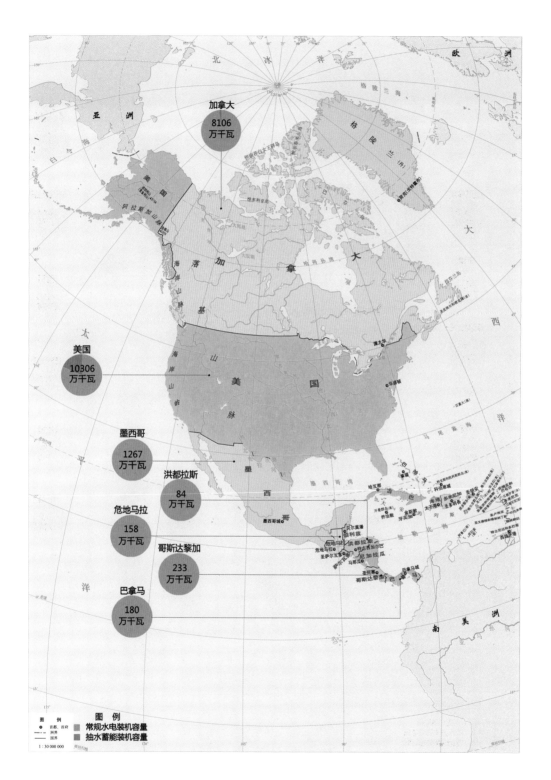

附图 3 美洲水电概览（一）

（注：图中数据为常规水电装机容量与抽水蓄能装机容量之和）

附图3 美洲水电概览（二）

（注：图中数据为常规水电装机容量与抽水蓄能装机容量之和）

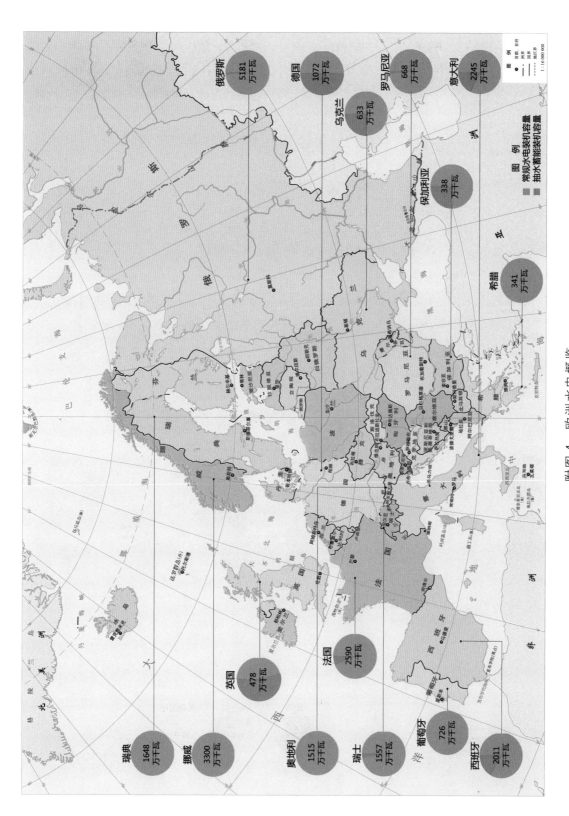

附图 4　欧洲水电概览

（注：图中数据为常规水电装机容量与抽水蓄能装机容量之和）

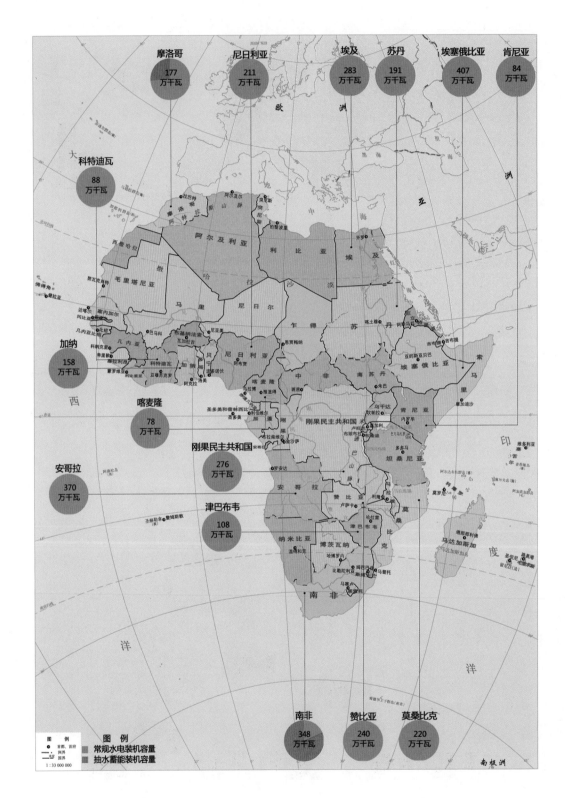

附图5 非洲水电概览

(注：图中数据为常规水电装机容量与抽水蓄能装机容量之和)

参　考　文　献

[1]　International Energy Agency. IEA data and stataitics [DB/OL]. (2021-01-01) [2021-08-09]. https：//www. iea. org/data-and-statistics/charts.

[2]　IHA. Hydropower Status Report 2020 [R/OL]. (2021-06) [2021-08-09]. https：//iha-project. webflow. io/publications/2020-hydropower-status-report.

[3]　IRENA. Power System Flexibility for the Energy Transition, Part 1：Overview for policy makers [R/OL]. (2018-11) [2021-08-09]. https：//www. irena. org/publications/2018/Nov/Power-system-flexibility-for-the-energy-transition.

[4]　IEA-ISGAN. Flexibility needs in the future power system [R/OL]. (2019-03) [2021-08-09]. https：//www. iea-isgan. org/wp-content/uploads/2019/03/ISGAN _ DiscussionPaper _ Flexibility _ Needs _ In _ Future _ Power _ Systems _ 2019. pdf.

[5]　IEA Hydropower. Flexible hydropower providing value to renewable energy integration, IEA hydropower annex ix // white paper No 1 [R/OL]. (2019-10) [2021-08-09]. https：//www. ieahydro. org/media/51145259/IEAHydroTCP _ AnnexIX _ White%20Paper _ Oct2019. pdf.

[6]　U. S. Department of Energy (DOE). Hydropower Value Study：Current Status and Future Opportunities [R/OL]. (2021-01-19) [2021-08-09]. https：//www. energy. gov/eere/water/downloads/hydropower-value-study-current-status-and-future-opportunities.

[7]　European Union (EU). Flexibility, technologies and scenarios for hydropower [R/OL]. (2020-11-25) [2021-08-09]. https：//xflexhydro. net/flexibility-technologies-and-scenarios-for-hydropower-report.

[8]　Donald Vaughan, Luke Middleton, Alex Beckitt. Grid and Flexibility Services：An Overview of the Australian NEM [R/OL]. (2020-06-03) [2021-08-09]. https：//www. ieahydro. org/annex-ix-hydropower-services/workshops/flexibility-in-evolving-hydropower-markets.

[9]　California Public Utilities Commission (CPUC). Resource Adequacy Report 2016 [R/OL]. (2017-06) [2021-08-09]. https：//www. cpuc. ca. gov/-/media/cpuc-website/divisions/energy-division/documents/resource-adequacy-homepage/2016rareport. pdf.

[10]　ALBERT C. G. MELO, CESAR R. ZANI. Grid and Flexibility Services：An Overview of the Brazilian Interconnected Power System [R/OL]. (2020-06-03) [2021-08-09]. https：//www. ieahydro. org/annex-ix-hydropower-services/workshops/flexibility-in-evolving-hydropower-markets.

[11] ELENA V. Grid and Flexibility Services: An Overview of the Swiss scenario [R/OL]. (2020 - 06 - 03) [2021 - 08 - 09]. https: //www. ieahydro. org/media/7ac97c20/3 _ Vagnoni _ Switzerland%20overview. pdf.

[12] IEA Hydropower. Valuing Flexibility in Evolving Electricity Markets: Current Status and Future Outlook for Hydropower [R/OL]. (2020 - 10 - 10) [2021 - 08 - 09]. https: //www. ieahydro. org/media/3c7cb089/IEA _ Hydropower _ ValuingFlexibilityinEvolcingElectricityMarkets － CurrentStatusand% 20FutureOutlookforHydropower _ White%20Paper _ June%202021. pdf.

[13] National Hydropower Association. Leveraging flexible hydro in wholesale markets principles for maximizing hydro's value [R/OL]. (2021 - 04 - 15) [2021 - 08 - 09]. https: //www. hydro. org/wp － content/uploads/2021/04/Leveraging － Flexible － Hydro － in － Wholesale － Markets. pdf.

[14] U. S. DOE. Pumped Storage Hydropower Valuation Guidebook: A Cost － Benefit and Decision Analysis Valuation Framework [R/OL]. (2021 - 03) [2021 - 08 - 09]. https: //www. energy. gov/eere/water/pumped － storage － hydropower － valuation － guidebook － cost － benefit － and － decision － analysis.

[15] SAHU A, YADAV N, SUDHAKAR K. Floating photovoltaic power plant: A review [J]. Renewable and Sustainable Energy Reviews, 2016, 66: 815 - 824.

[16] NATHAN L, URSULLA G, EVAN R, et al. Hybrid floating solar photovoltaics － hydropower systems: Benefits and global assessment of technical potential [J]. Renewable Energy, 2020, 162: 1415 - 1427.

[17] UEDA Y, KUROKAWA K, KONAGAI M, et al. Five years demonstration results of floating pv systems with water spray cooling [C]. 27th european photovoltaic solar energy conference and exhibition; 2012. no. March 2009. pp. 3926 - 3928.

[18] ELISSANDRO MONTEIRO DO SACRAMENTO et al. Scenarios for use of floating photovoltaic plants in Brazilian reservoirs [J]. IET Renewable Power Generation, 2015, 9 (8) : 1019 - 1024.

[19] SILVERIO N M, BARROS R M, TIAGO FILHO G L, et al. Use of floating PV plants for coordinated operation with hydropower plants: Case study of the hydroelectric plants of the So Francisco River basin [J]. Energy Conversion and Management, 2018, 171 (PT. 1 - 1082): 339 - 349.

[20] CHOI Y. A study on power generation analysis of floating PV system considering environmental impact [J]. International Journal of Software Engineering and Its Applications, 2014, 8 (1): 75 - 84.

[21] CIRIA T P, PUSPITARINI H D, CHIOGNA G, et al. Multi － temporal scale analysis of complementarity between hydro and solar power along an alpine transect [J]. Science of The Total Environment, 2020, 741: 140179.

[22] MIT Center for Energy and Environmental Policy Research (CCPR). Two － way trade in green electrons: deep decarbonization of the Northeastern U. S. and the role of Canadian hydropower [R/OL]. (2020 - 02) [2021 - 08 - 09]. http: // ceepr. mit. edu/publications/working － papers/719.

［23］ JESSE D J, NESTOR A S. Enhanced Decision Support for a Changing Electricity Land-scape: The GenX Configurable Electricity Resource Capacity Expansion Model ［R/ OL］. (2017 – 11 – 27) ［2021 – 08 – 09］. https: //energy. mit. edu/wp – content/up-loads/2017/10/Enhanced – Decision – Support – for – a – Changing – Electricity – Land-scape. pdf.

［24］ DENG Z C, XIE Y Z, XIAO J Y, et al. Economic Research and Case Analyses of Large – scale Hydro – Photovoltaic Hybrid Power Generation Project Including Long – distance Power Transmission ［J］. Water Power, 2019, 45 (12): 105 – 108, 122.

［25］ ZHANG Y S, LIAN J L, MA C, et al. Optimal sizing of the grid – connected hy-brid system integrating hydropower, photovoltaic, and wind considering cascade reservoir connection and photovoltaic – wind complementarity ［J］. Journal of Cleaner Production, 2020, 274: 1 – 14.

［26］ North American Electric Reliability Corporation (NERC). Power Struggle: Examining the 2021 Texas Grid Failure ［EB/OL］. (2021 – 03 – 24) ［2021 – 08 – 09］. https: // www. nerc. com/news/Pages/Robb – to – Testify – at – House – Energy – and – Com-merce – Oversight – and – Investigations – Subcommittee – Hearing – . aspx

［27］ U. S. Department of Energy (DOE). Energy Resilience Playbook ［R/OL］. (2021 – 04) ［2021 – 08 – 09］. https: //www. eere. energy. gov/islandsplaybook/.

［28］ U. S. Department of Energy (DOE). Hydropower Market Report ［R/OL］. (2021 – 01) ［2021 – 08 – 09］. https: //www. energy. gov/eere/water/hydropower – market – re-port.

［29］ North American Electric Reliability Corporation (NERC). NERC Reliability Assessments ［DB/OL］. (2019 – 12 – 19) ［2021 – 08 – 09］. https: //www. nerc. com/pa/RAPA/ ra/Pages/default. aspx.

［30］ CAISO. 2019 Annual Report on Market Issues and Performance ［R/OL］. (2020 – 02 – 07) ［2021 – 08 – 09］. http: //www. caiso. com/Documents/2019Annual ReportonMarketIssuesandPerformance. pdf.

［31］ YANG W J, NORRLUND P, SAARINEN L, et al. Burden on hydropower units for short – term balancing of renewable power systems ［J］. Nature Communications, 2018, 9 (1): 2633 – . https: //doi. org/10. 1038/s41467 – 018 – 05060 – 4.

［32］ MISO. 2018 State of the Market Report for the MISO Electricity Markets ［R/OL］. (2019 – 07) ［2021 – 08 – 09］. https: //www. potomaceconomics. com/wp – content/uploads/2019/08/2018 – SOM – Appendix _ Final. pdf.